1週間集中講義シリーズ

細野真宏の
積分［計算］が
本当によくわかる本

小学館

『数学が本当によくわかるシリーズ』の刊行にあたって

　僕はよく生徒から
「受験生のときどんな本を使ってどのように勉強していたんですか？」
と質問をされて困っています。それは
キチンと答えてもたいして参考にならないからです。
　僕は受験生の頃，参考書は全くと言っていいほど分かりませんでした。
「なんでここでこの公式を使うことに気付くのか？」
「なんでここでこのような変形をするのか？」など，1つ1つの素朴（そぼく）な
疑問について全くと言っていいほど解説してくれていなくて，一方的に
「この問題はこうやって解くものなんだ！」と解法を押しつけられていたから
です。
　だから，僕が受験生のときは（いい参考書がなかったので）決して
ベストな勉強法ができていたわけではなく，いろんな試行錯誤（しこうさくご）をしていた
のです。その意味で，この『数学が本当によくわかるシリーズ』は
「僕が受験生のときに最も欲しかった参考書」 なのです。
　つまり，この本は僕の受験生の頃の経験などを踏まえ
"全くムダがなく，最短の期間で飛躍的に数学の力を伸ばす"
ことができるように作ったものなのです。
　だから，冒頭（ぼうとう）の質問に対して，僕は簡潔にこう答えています。
「僕の受験生の頃の失敗なども踏まえてこの本を作ったので，
　この本をやれば僕の受験生のときよりも はるかに効率のいい
　勉強ができるよ」と。

細野　真宏

まえがき

　この本は，偏差値が30台の人から70台の人を対象に書きました。
　数学がよく分からないという人は非常に多いと思います。しかし，それは決して本人の頭が悪いから，というわけではないと思います。私は教える人の教え方や解法が悪いからだと思います。
　私も高校生のとき全く数学が分かりませんでした。とにかく勉強が大嫌いだったので，高2までは大学へ行く気がなく（というより成績が悪すぎて行けなかった），専門学校で絵の勉強をすると決めていました。高3のはじめにすごく簡単だと言われている模試を受けました。結果は200点満点で8点！（6点だったかもしれない……）。この話をすると皆「熱でも出ていたんでしょう？」とか言って信じてくれません。熱どころかベストな体調で試験時間終了の1秒前まで必死に解答を書いていました。
　それからいろいろ考えることがあって，大学へ行こうかなぁ，などと思うようになり，ようやく数学をやり出しました。田舎の三流高校（あっ，今はそこそこいい高校になっているようです）にいたので，授業などはあてにできず独学でやりました。1年後には大手予備校の模試で全国1番になっていました。結局だいたい偏差値は80台はあり，いいときで100を超えたり（東大模試とかレベルの高い模試なら可能）していました。こんなことを言うと「なんだァこの人は頭がいいから数学ができるようになったのか」と思うかもしれないのでキチンと言っておくと，決して私は頭が良くありません。しかし，要領はいいと思います。本を読んでもらえれば，無駄がないことが分かってもらえると思います。そして，数学ができるようになるためには，決して特別な才能が必要になるわけではない，ということも分かってもらえると思います。要は，教え方によって数学の成績は飛躍的に変わり得るものなのです。
　私の講義でやっている内容は非常に高度です。しかし，偏差値が30台の人でも分かるようにしています（私がかつてそうだったから思考

過程がよく分かる)。一般に 優れた解法(▶素早く解け，応用が利く)は非常に難しく理解しにくいものです。だから普通の受験生は，まず多大な時間を費やしてあまり実用的でない教科書的な解法を学校で教わり(予備校の講義が理解できる程度の学力を身につけ)その後で予備校で優れた解法を教わることにより，ようやくそれが理解できるようになる，という過程をたどると思います。しかし，もしもいきなり 優れた解法をほとんど0(ゼロ)の状態から理解することが可能なら，非常に短期間で飛躍的に成績を上げることが可能になるでしょう。

　私は普段の授業でそれを実践しているつもりです。この本はその講義をできる限り忠実に再現してみたものです。その意味でこの本は，「短期間に 偏差値を30台から70台に上げるのに最適な本」なのです。

　この本を読むことによって，一人でも多くの人に数学のおもしろさを分かってもらえたらうれしく思います。

　できれば，今後の参考のために，本の感想や御意見等を編集部あてに送ってください。

　横山 薫君，河野 真宏君 には原稿を読んでもらったり校正等を手伝って頂きました。
ありがとうございました。

P.S. いつも数多くの愛読者カードや励ましの手紙等が出版社から届けられて来ます。すべて読ませてもらっていますが，本当に参考になったり元気づけられたりしています。本当にありがとうございます。(忙しくて，返事があまり書けなくて申し訳ありません)

著　者

《注》 「偏差値を30から70に上げる数学」というと，「既に偏差値が70台の人はやらなくてもいいのか？」と思う人もいるかもしれませんが，実際は70から90台の読者も多く，「本質的な考え方が理解できるからやる価値は十分ある」という声も多く届いています。

目　次

問題一覧表 ──────────────────── ⑪

Section 1　置換積分 PART-1 ──────── 1

Section 2　$\int \frac{f'(x)}{f(x)}dx = \log f(x)$ 型の積分 PART-1 ── 27

Section 3　三角関数と指数関数の積分の基本公式について ─ 67

Section 4　部分積分 ───────────── 73

Section 5　三角関数の積の積分 ───────── 87

Section 6　$\int e^{ax}\sin bx\, dx$ と $\int e^{ax}\cos bx\, dx$ について ── 99

Section 7　置換積分 PART-2 ──────── 107

Section 8　$\int f'(x)f^n(x)dx$ 型の積分 ────── 121

Section 9　$\int \frac{f'(x)}{f(x)}dx = \log f(x)$ 型の積分 PART-2 ── 145
　　　　　　　～e^x の分数関数の積分～

Section 10　三角関数の重要な積分 ─────── 157

Point 一覧表　～索引にかえて～ ─────── 166

『数学が本当によくわかるシリーズ』の特徴

『数学が本当によくわかるシリーズ』は，数Ⅰ，数A，数Ⅱ，数B，数Ⅲ，数Cから，どの大学の入試にもほぼ確実に出題される分野や，苦手としている受験生が非常に多いとされている重要な分野を取り上げています。

かなり基礎から解説していますが，その分野に関しては入試でどんなレベルの大学（東大でも！）を受けようとも必ず解けるように書かれているので，決して簡単な本ではありません。しかし，難しいと感じないように分かりやすく講義しているので，偏差値が30台の人や文系の人でもスラスラ読めるでしょう。

この本では，「思考力」や「応用力」が身に付き"**最も少ない時間で最大の学力アップが望める**"ように，1題1題について［考え方］を講義のように詳しく解説しています。

> ▶「シリーズのすべての本をやらないといけないんですか？」というような質問を受けますが，このシリーズは1題1題を丁寧に解説しているので結果的に冊数が多くなっています。つまり，1冊あたりの問題数は決して多くはなく，このシリーズ3〜4冊分で通常の問題集の1冊分に相当したりしています。
>
> そのため，実際にやってみれば どの本も かなりの短期間で読み終えることができるのが分かるはずです。
>
> 数学の勉強において最も重要なのは**「考え方」**です。
> 感覚だけで"なんとなく"解くような勉強をしていると，100題の問題があれば100題すべての解答を覚える必要が出てきます。
> しかし，キチンと問題の本質を理解するような勉強をすれば，せいぜい10題くらいの解法を覚えれば済むようになります。

この本は Section 1, 2, 3……と順を追って解説しているので，はじめからきちんと順を追って読んでください。最初のほうはかなり基礎的なことが書かれていますが，できる人も確認程度でいいので必ず読んでください。その辺を何となく分かっている気になって読み進んでいくと必ずつまずくことになるでしょう。"急がば回れ"です。

　一見，基礎を確認することが遠回りに思えても，実際は高度なことを理解するための最短コースとなっているのです。

従来の数学の参考書では，練習問題は例題の類題といった意味しかなく，その解答は本の後ろに参考程度にのっているものがほとんどです。
しかし，この本では練習問題にもキチンとした意味を持たせています。
本文で触れられなかった事項を練習問題を使って解説したり，
時には練習問題の準備として例題を作ったりもしています。
だから，読みやすさも考え，練習問題の解答は別冊にしました。

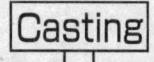 

本文イラスト・デザイン・編集・著者
➡ ほその まさひろ

この本の使い方

　　　とりあえず **例題**を解いてみる。（1題につき10〜30分ぐらい）

▶全く解けなくても，とりあえず**どんな問題なのかは分かるはず**である。
　どんな問題なのかすら分からない状態で解説を読んだら，解説の焦点が
　ぼやけてしまって逆に，理解するのに時間がかかったりしてしまうので，
　とにかく解けなくてもいいから**10分〜30分は解く努力をしてみること**！

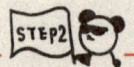

　　　解けても解けなくても［考え方］を読む。

▶その際，自分の知らなかった考え方があれば，
　その考え方を**理解して覚えること**！
　また，*Point* があれば，それは**必ず暗記すること**！

　　　［解答］をながめて 全体像を再確認する。

▶なお，［解答］は，記述の場合を想定して，
　「実際の記述式の答案では，この程度書いておけばよい」という目安
　のもとで書いたものである。

練習問題を解く。（時間は無制限）

▶練習問題については例題で考え方を説明しているから
知識的には問題がないはずなので，例題の考え方の確認も踏まえて
練習問題は必ず自分の頭だけを使って頑張って解いてみること！
数学は自分の頭で考えないと実力がつかないものなので，絶対に
すぐにあきらめないこと！！

Step 1〜 Step 4 の流れで すべての問題を解いていってください。

　まぁ，人によって差はあると思うけど，どんな人でも3回ぐらいは
繰り返さないと考え方が身に付かないだろうから，入試までに
最低3回は繰り返すようにしよう！

(注)
　「3回もやる時間がない！」という人もきっといると思う。確かに1回目
は時間がかかるかもしれないけれど，それは問題を解くための知識があまり
ないからだよね。だけど2回目は，（多少 忘れているとしても）半分ぐらい
は頭に入っているのだから，1回目の半分ぐらいの時間で終わらせることが
できるはずだよね。さらに3回目だったら，かなりの知識が頭に入っている
ので，さらに短時間で終わらせることができるよね。
　また，「なん日ぐらいで1回目を読み終わればいいの？」という質問をよ
くされるけれど，この本に関しては1週間で終わる，というのが1つの目安
なんだ。だけど，本を読む時点での予備知識が人によってバラバラだし，1
日にかけられる時間も違うだろうから，3日で終わる人もいれば，2週間か
かる人もいると思う。だから結論的には，「なん日かかってもいいから本に
書いてあることが完璧に分かるようになるまで頑張って読んでくれ！」とい
うことになるんだ。とにかく，個人差があって当然なんだから，日数なんて
気にせずに理解できるまで読むことが大切なんだよ。

講義を始めるにあたって

　数学ができない人と話をしてみるとよく分かるのだが，重要な公式や考え方が全く頭に入っていない場合が多い。それで数学の問題が全く解けないので，「あぁ僕は（私は）なんて頭が悪いんだろう！」なんて言っている。解けないのは当たり前でしょ！

　何も覚えないで問題を解けるようになろうなんてアマイ，アマイ。数学ができる人を完全に誤解している。賢い人なら英単語を一つも覚えないで（知らないで）アメリカに行って会話ができるのかい？　数学も他の科目同様，とりあえずは暗記科目である！　どんなにできる人でも暗記という地道な努力（それだけで偏差値は60台にはいく）をしているのである。その後でようやく数学オリンピックのような考える問題を解くことができるようになり，数学のおもしろさが分かるのである。

　本書は，無駄なものは一切載せていないので，本を読んで知らなかった公式や考え方はすべて覚えること‼

　それから，問題を解くのはいいんだけど，結構解きっぱなしの人って多いよね。そういう人は入試の直前に泣くことになる。だって入試直前に全問を解き直すのは不可能でしょ？　だから普段からどの問題を復習すべきか，きちんと区別しておかなくてはならない。私は問題を解くとき，次のような記号を使って問題の区別を行なっている。

　　　END の略（EASY の略なんでしょ？とよく言われる）。これは何回やっても絶対に解けるから，もう二度と解かなくてもいい問題につける。

　　　合格の略。とりあえず解けたけど，あと1回くらいは解いておいたほうがよさそうな問題につける。

　　　Again の略。あと2〜3回は解き直したほうがいいと思われる問題につける。

　無理にこの記号を使うことはないが，このように3段階に問題を分けておけば，復習するときに非常に効率がいい（例えば，直前で，どうしても時間がないときには の問題だけでも解き直せばよい）。

問題一覧表

自分のレベルや志望校に合わせて問題が選べるようになっています。とりあえず，必要なレベルから順に勉強していってください。

AA 基本問題(教科書の例題程度)；高校の試験対策にやってください。

A 入試基本問題；センター試験だけという人や数学がものすごく苦手という人は，とりあえずこの問題までやってください。

B 入試標準問題；A問題がよく分からないという人以外は，すべてやってください。

☐ の使い方

例えば，次のように使えばよい。

☒　　cut する問題

　(E) の問題

　(合) の問題

   の問題

問題一覧表

例題1 (P.2) **AA**

$\int_0^1 x^n(1-x)^2 dx$ を求めよ。ただし，$n \neq -1, -2, -3$ とする。

例題2 (P.3) **AA**

$\int_0^1 x^2(1-x)^n dx$ を求めよ。ただし，$n \neq -1, -2, -3$ とする。

例題3 (P.9) **AA**

$\int_0^1 (t+1)\sqrt{t}\, dt$ を求めよ。

例題4 (P.10) **AA**

$\int_1^2 x\sqrt{x-1}\, dx$ を求めよ。

練習問題1 (P.13) **AA**

(1) $\int_0^1 x\sqrt{x+3}\, dx$ を求めよ。

(2) $\int_0^{\frac{1}{3}} 3x\sqrt[3]{1-3x}\, dx$ を求めよ。

(3) $\int_{-\frac{1}{2}}^0 x^2\sqrt{2x+1}\, dx$ を求めよ。

例題5 (P.13) **AA**

$\int_0^1 \dfrac{x}{\sqrt{x+3}+\sqrt{x}}\, dx$ を求めよ。

練習問題2 (P.17) **AA**

$\int_1^2 \dfrac{x}{\sqrt{x-1}-\sqrt{x}}\, dx$ を求めよ。

例題 6 (P.18) **AA**

$\int_0^1 \dfrac{(x+1)^2}{\sqrt{x}}\, dx$ を求めよ。

例題 7 (P.19) **AA**

$\int_1^2 \dfrac{x^2}{\sqrt{x-1}}\, dx$ を求めよ。

例題 8 (P.23) **AA**

$\int_0^1 \sqrt{1-\sqrt{x}}\, dx$ を求めよ。

練習問題 3 (P.25) **AA**

(1) $\int_{-1}^0 \dfrac{x-1}{\sqrt[3]{x+1}}\, dx$ を求めよ。

(2) $\int_4^9 \sqrt[3]{\sqrt{x}-2}\, dx$ を求めよ。

例題 9 (P.28) **AA**

$\int \dfrac{a}{ax+b}\, dx$ を求めよ。ただし, a と b は定数で $a \neq 0$, $ax+b > 0$ とする。

例題 10 (P.30) **AA**

$\int \dfrac{1}{ax+b}\, dx$ を求めよ。ただし, a と b は定数で $a \neq 0$, $ax+b \neq 0$ とする。

― 例題 11 (P.33) **AA** ―

$\int_3^4 \dfrac{1}{-x^2+4}\,dx$ を求めよ。

― 練習問題 4 (P.39) **AA** ―

$\int_0^1 \dfrac{7x+3}{x^2+3x+2}\,dx$ を求めよ。

― 例題 12 (P.39) **A** ―

$\int_0^1 \dfrac{x^3-3}{x^2+3x+2}\,dx$ を求めよ。

― 例題 13 (P.42) **AA** ―

$\int \dfrac{x+1}{x(x+2)(x+3)}\,dx$ を求めよ。

― 例題 14 (P.45) **A** ―

$\int \dfrac{3}{(x-1)(x+2)^2}\,dx$ を求めよ。

― 例題 15 (P.52) **AA** ―

$\int \dfrac{1}{(x-1)\sqrt{x+1}}\,dx$ を求めよ。

― 練習問題 5 (P.58) **AA** ―

(1) $\int_1^4 \dfrac{x}{2\sqrt{x}-1}\,dx$ を求めよ。

(2) $\int_0^1 \dfrac{x^3+2x}{x^2+1}\,dx$ を求めよ。

例題 16 (P.58) AA

$\int_0^{\frac{\pi}{4}} \tan x \, dx$ を求めよ。

例題 17 (P.60) AA

$\int_{\frac{\pi}{4}}^{\frac{\pi}{2}} \frac{1}{\sin x} \, dx$ を求めよ。

練習問題 6 (P.65) AA

(1) $\int_2^4 \frac{1}{x \log x} \, dx$ を求めよ。

(2) $\int_0^{\frac{\pi}{4}} \frac{1}{\cos x} \, dx$ を求めよ。

例題 18 (P.68) AA

(1) $\int \cos x \, dx$ を求めよ。

(2) $\int \cos nx \, dx$ を求めよ。ただし, $n \neq 0$ とする。

練習問題 7 (P.69) AA

(1) $\int \sin x \, dx$ を求めよ。

(2) $\int \sin nx \, dx$ を求めよ。ただし, $n \neq 0$ とする。

例題 19 (P.70) AA

(1) $\int e^x dx$ を求めよ。

(2) $\int a^x dx$ を求めよ。ただし, $a>0$, $a \neq 1$ とする。

練習問題 8 (P.71) AA

$\int e^{nx} dx$ を求めよ。ただし，$n \ne 0$ とする。

例題 20 (P.74) AA

$\int_0^1 e^x x \, dx$ を求めよ。

練習問題 9 (P.77) AA

$\int 3^x x \, dx$ を求めよ。

例題 21 (P.77) AA

$\int_0^1 (x^2 - x) e^{-x} dx$ を求めよ。

例題 22 (P.80) AA

(1) $\int \log x \, dx$ を求めよ。

(2) $\int (\log x)^2 dx$ を求めよ。

練習問題 10 (P.83) AA

$\int_1^2 x \log x \, dx$ を求めよ。

練習問題 11 (P.84) AA

$\int (\log x)^3 dx$ を求めよ。

例題 23 (P.84) AA

$2\int x^3 e^{x^2} dx$ を求めよ。

例題 24 (P.88) AA

$\int_0^\pi \sin 3x \cos 2x\, dx$ を求めよ。

例題 25 (P.92) AA

$\int_0^{\frac{\pi}{2}} \sin 3x \sin x\, dx$ を求めよ。

練習問題 12 (P.93) AA

(1) $\int_0^\pi \sin 2x \cos 3x\, dx$ を求めよ。

(2) $\int_0^{\frac{\pi}{2}} \cos x \cos 3x\, dx$ を求めよ。

例題 26 (P.94) AA

$\int \sin^2 x\, dx$ を求めよ。

練習問題 13 (P.95) AA

$\int \cos^2 x\, dx$ を求めよ。

例題 27 (P.96) AA

$\int \sin^4 x\, dx$ を求めよ。

⑱ 問題一覧表

練習問題 14 (P. 97) **AA**

$\int \cos^4 x \, dx$ を求めよ。

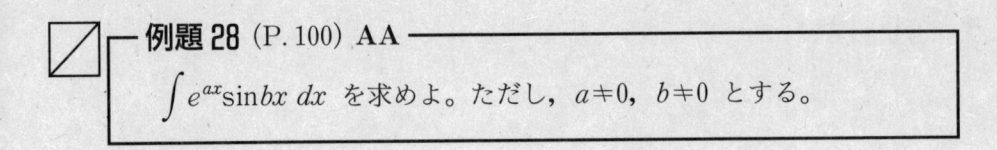

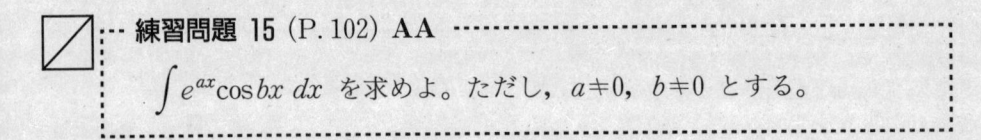

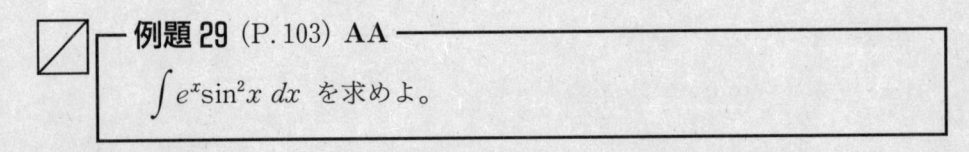

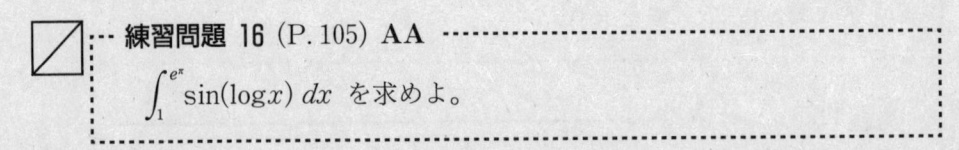

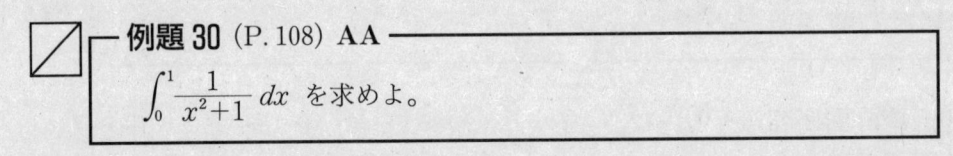

例題 28 (P. 100) **AA**

$\int e^{ax} \sin bx \, dx$ を求めよ。ただし，$a \neq 0$, $b \neq 0$ とする。

練習問題 15 (P. 102) **AA**

$\int e^{ax} \cos bx \, dx$ を求めよ。ただし，$a \neq 0$, $b \neq 0$ とする。

例題 29 (P. 103) **AA**

$\int e^x \sin^2 x \, dx$ を求めよ。

練習問題 16 (P. 105) **AA**

$\int_1^{e^\pi} \sin(\log x) \, dx$ を求めよ。

例題 30 (P. 108) **AA**

$\int_0^1 \dfrac{1}{x^2+1} \, dx$ を求めよ。

練習問題 17 (P. 112) **AA**

$\int_0^2 \dfrac{1}{(x^2+4)^2} \, dx$ を求めよ。

例題 31 (P. 112) **AA**

$\int_0^1 \sqrt{1-x^2} \, dx$ を求めよ。

練習問題 18 (P.119) AA

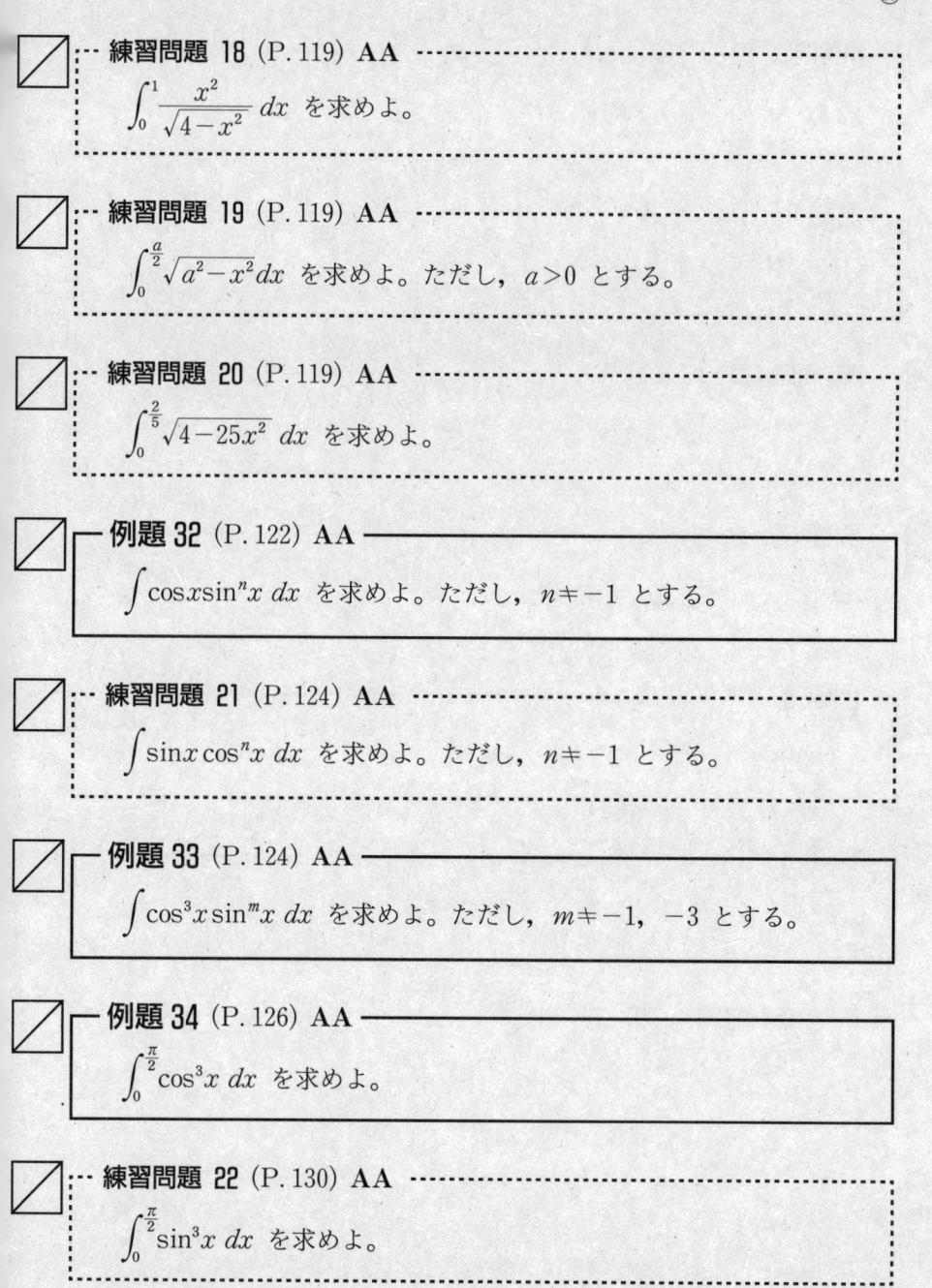

$\int_0^1 \dfrac{x^2}{\sqrt{4-x^2}}\,dx$ を求めよ。

練習問題 19 (P.119) AA

$\int_0^{\frac{a}{2}} \sqrt{a^2-x^2}\,dx$ を求めよ。ただし，$a>0$ とする。

練習問題 20 (P.119) AA

$\int_0^{\frac{2}{5}} \sqrt{4-25x^2}\,dx$ を求めよ。

例題 32 (P.122) AA

$\int \cos x \sin^n x\,dx$ を求めよ。ただし，$n \neq -1$ とする。

練習問題 21 (P.124) AA

$\int \sin x \cos^n x\,dx$ を求めよ。ただし，$n \neq -1$ とする。

例題 33 (P.124) AA

$\int \cos^3 x \sin^m x\,dx$ を求めよ。ただし，$m \neq -1, -3$ とする。

例題 34 (P.126) AA

$\int_0^{\frac{\pi}{2}} \cos^3 x\,dx$ を求めよ。

練習問題 22 (P.130) AA

$\int_0^{\frac{\pi}{2}} \sin^3 x\,dx$ を求めよ。

問題一覧表

練習問題 23 (P.130) **AA**

$\int \cos^5 x \, dx$ を求めよ。

例題 35 (P.130) **AA**

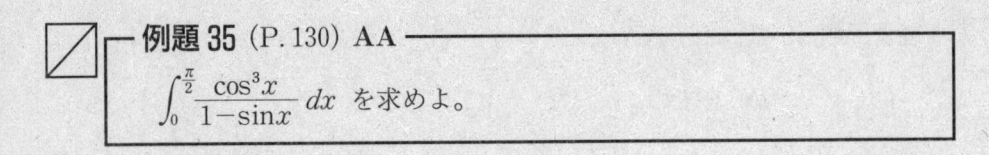

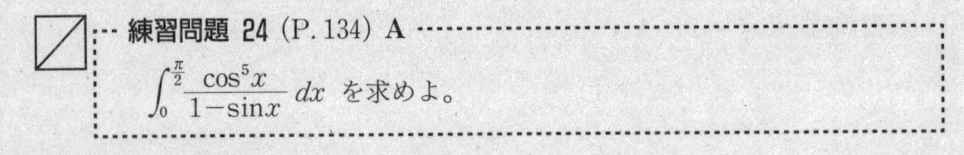

$\int_0^{\frac{\pi}{2}} \dfrac{\cos^3 x}{1-\sin x} \, dx$ を求めよ。

練習問題 24 (P.134) **A**

$\int_0^{\frac{\pi}{2}} \dfrac{\cos^5 x}{1-\sin x} \, dx$ を求めよ。

例題 36 (P.134) **AA**

$\int_0^{\frac{\pi}{2}} \cos^2 x \sin 3x \, dx$ を求めよ。

例題 37 (P.136) **AA**

$\int x\sqrt{x^2+1} \, dx$ を求めよ。

例題 38 (P.137) **AA**

$\int \dfrac{x}{\sqrt{x^2+9}} \, dx$ を求めよ。

練習問題 25 (P.139) **AA**

$\int \dfrac{2x}{\sqrt{9-x^2}} \, dx$ を求めよ。

― 例題 39 (P. 139) **AA** ─────────────

(1) $\int \sin x \cos x \sqrt{\cos^2 x + 1}\, dx$ を求めよ。

(2) $\int \sin x \cos x \sqrt{\sin^2 x + 1}\, dx$ を求めよ。

― 練習問題 26 (P. 143) **AA** ─────────

$\int \sin 2x \sqrt{\sin^2 x + 9}\, dx$ を求めよ。

― 例題 40 (P. 143) **AA** ─────────────

$\int \dfrac{\log x}{x}\, dx$ を求めよ。

― 練習問題 27 (P. 144) **AA** ─────────

$\int \dfrac{(\log x)^4}{x}\, dx$ を求めよ。

― 例題 41 (P. 146) **AA** ─────────────

$\int \dfrac{e^x - e^{-x}}{e^x + e^{-x}}\, dx$ を求めよ。

― 例題 42 (P. 147) **A** ──────────────

$\int \dfrac{e^x}{e^x + e^{-x}}\, dx$ を求めよ。

― 練習問題 28 (P. 150) **A** ──────────

$\int \dfrac{e^x}{e^x + e^{a-2x}}\, dx$ を求めよ。

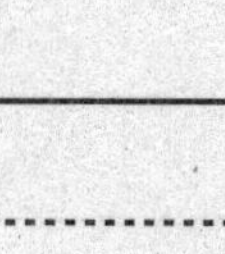

練習問題 29 (P.150) A

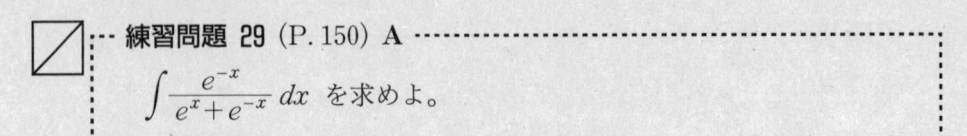

$\int \dfrac{e^{-x}}{e^x + e^{-x}} \, dx$ を求めよ。

練習問題 30 (P.151) A

$\int \dfrac{1}{e^x - 1} \, dx$ を求めよ。

例題 43 (P.151) A

$\int \dfrac{1}{e^x - e^{-x}} \, dx$ を求めよ。

練習問題 31 (P.156) B

$\int \dfrac{e^x - 1}{e^{2x} + e^{-x}} \, dx$ を求めよ。

例題 44 (P.158) AA

$\int \dfrac{1}{\cos^2 x} \, dx$ を求めよ。

練習問題 32 (P.159) AA

(1) $\int \tan^2 x \, dx$ を求めよ。

(2) $\int \tan^3 x \, dx$ を求めよ。

例題 45 (P.159) A

$\int_{\frac{\pi}{4}}^{\frac{\pi}{2}} \dfrac{1}{\sin^2 x} \, dx$ を求めよ。

■例題 46 (P. 163) AA

$\int_0^{\frac{\pi}{2}} \sqrt{1-\cos\theta}\, d\theta$ を求めよ。

練習問題 33 (P. 165) (1) AA (2) A

(1) $\int_0^{\frac{\pi}{2}} \sqrt{1+\cos x}\, dx$ を求めよ。

(2) $\int_0^{\frac{\pi}{2}} \sqrt{1+\sin x}\, dx$ を求めよ。

積分[計算]について

　この本は 入試問題を解く上で絶対に知っておかなければならない 積分の計算の仕方について，この本だけで 全くの初歩から すべてのパターンが修得できるように解説したものです。
　つまり，積分の計算については この本だけで，どんな問題が 出されようと 必ず解けるようにしています。

※一般に 不定積分（▶積分区間がない積分）については

$\int f'(x)dx = f(x) + C$ （ C は積分定数 ）のように

積分定数が必要になるのだが，この本では
積分の計算の仕方に重点を置いて解説しているので，
不定積分における積分定数は すべて省略した。
　入試問題で不定積分が出題される場合はあまりないのだが，
万が一，不定積分が出題された場合には，単に

$\int x^2 dx = \dfrac{x^3}{3} + C$ （ C は積分定数 ）のように積分定数を

書いておけばよい。

Section 1 置換積分 PART-1

この章では，数Ⅱの微分積分の範囲では解けない整式の積分について解説します。

一見すると数Ⅱまでの知識は使えそうにない積分でも，単に文字を置き換えるだけで数Ⅱの範囲の形になるものは非常に多いのである。

そこで，今回は単なる文字の置き換えだけによって簡単に解ける積分の問題について解説することにしよう。

まず，数IIの範囲の復習からしてみよう。

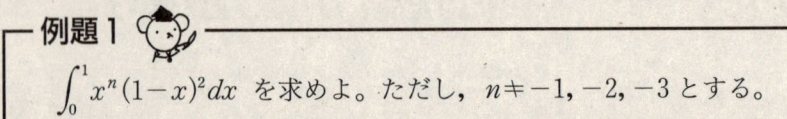

例題 1

$\int_0^1 x^n(1-x)^2 dx$ を求めよ。ただし，$n \neq -1, -2, -3$ とする。

[考え方]

とりあえず，数IIの範囲で知っているのは次の公式だけだよね。

Point 1.1 〈積分の基本公式〉

$$\int_\alpha^\beta x^n dx = \left[\frac{x^{n+1}}{n+1}\right]_\alpha^\beta$$

$$= \frac{\beta^{n+1}}{n+1} - \frac{\alpha^{n+1}}{n+1} \quad (ただし，n \neq -1 とする。)$$

そこで，

Point 1.1 を使って $\int_0^1 x^n(1-x)^2 dx$ を求めてみよう。

$\int_0^1 x^n(1-x)^2 dx$

$= \int_0^1 x^n(1-2x+x^2)dx$ ◀ $(1-x)^2$ を展開した！

$= \int_0^1 (x^n - 2x^{n+1} + x^{n+2})dx$ ◀ 展開した

$= \int_0^1 x^n dx - 2\int_0^1 x^{n+1} dx + \int_0^1 x^{n+2} dx$ ◀ $\int\{f(x)+g(x)\}dx = \int f(x)dx + \int g(x)dx$

$= \left[\frac{x^{n+1}}{n+1}\right]_0^1 - 2\left[\frac{x^{n+2}}{n+2}\right]_0^1 + \left[\frac{x^{n+3}}{n+3}\right]_0^1$ ◀ Point 1.1 を使った

$= \left(\frac{1^{n+1}}{n+1} - \frac{0^{n+1}}{n+1}\right) - 2\left(\frac{1^{n+2}}{n+2} - \frac{0^{n+2}}{n+2}\right) + \left(\frac{1^{n+3}}{n+3} - \frac{0^{n+3}}{n+3}\right)$

$= \frac{1}{n+1} - \frac{2}{n+2} + \frac{1}{n+3}$ ◀ $1^k = 1$, $0^k = 0$

このように，

積分は **Point 1.1** が使える形になれば簡単に解けるんだよ。

[解答]

$$\int_0^1 x^n(1-x)^2 dx$$

$$= \int_0^1 x^n(1-2x+x^2)dx \quad ◀(1-x)^2 を展開した！$$

$$= \int_0^1 (x^n - 2x^{n+1} + x^{n+2})dx \quad ◀ 展開した$$

$$= \int_0^1 x^n dx - 2\int_0^1 x^{n+1}dx + \int_0^1 x^{n+2}dx \quad ◀ \int\{f(x)+g(x)\}dx = \int f(x)dx + \int g(x)dx$$

$$= \left[\frac{x^{n+1}}{n+1}\right]_0^1 - 2\left[\frac{x^{n+2}}{n+2}\right]_0^1 + \left[\frac{x^{n+3}}{n+3}\right]_0^1 \quad ◀ Point 1.1 を使った$$

$$= \frac{1}{n+1} - \frac{2}{n+2} + \frac{1}{n+3} //$$

さて，次に**例題1**の応用問題をやってみよう。

―― 例題2 ――――――――――――――

$\int_0^1 x^2(1-x)^n dx$ を求めよ。ただし，$n \neq -1, -2, -3$ とする。

――――――――――――――――――――――――――

[考え方]

　これも **Point 1.1** を使って解きたいんだけど
このままでは無理だよね。
えっ，なぜかって？　だって**例題1**は

$$\int_0^1 x^n(1-x)^2 dx = \int_0^1 x^n(1-2x+x^2)dx \quad ◀(1-x)^2 を展開した！$$

$$= \int_0^1 (x^n - 2x^{n+1} + x^{n+2})dx$$

$$= \int_0^1 x^n dx - 2\int_0^1 x^{n+1}dx + \int_0^1 x^{n+2}dx \quad のように$$

$(1-x)^2$ を展開することにより，簡単に **Point 1.1** の形に
することができたよね。

だけど，例題2の $\int_0^1 x^2(1-x)^n dx$ の
$(1-x)^n$ は簡単に展開することができないよね。 ◀ 2乗なら簡単に展開できるが
つまり，この問題は n乗の展開は……？
今までの知識では 簡単に解けない問題なのである。

そこで，ちょっと考えてみよう。

　もしも，$\int_0^1 x^2(1-x)^n dx$ が $\int_0^1 x^2 x^n dx$ だったら

$\int_0^1 x^2 x^n dx = \int_0^1 x^{n+2} dx$ ◀ $x^m \cdot x^n = x^{m+n}$

のように変形できるので ◀ $\int_0^1 x^{n+2} dx$ だったら $(a-x)^n$ の形がないので
Point 1.1 が使えるよね。 いちいち n乗を展開する必要がない！
　そこで，**Point 1.1** が使えるように
$(1-x)^n$ を x^n の形にしたいので，$1-x=t$ とおいてみよう。

　以下，$1-x=t$ とおいたとき
$\int_0^1 x^2(1-x)^n dx$ がどのように変わるのか，について考えよう。

▶ $1-x$ を t とおく，ということは
　変数を x から t にかえる，ということを意味しているので，
　$1-x=t$ とおくのならば，
　与えられた x の式を t の式に書き直さなければならない！

$1-x=t$ とおくと
$x^2(1-x)^n$ がどのように変わるのか，について考える。

▶ $(1-x)^n$ は t^n になり， ◀ $1-x=t$ ➡ $(1-x)^n = t^n$
　x^2 は $(1-t)^2$ になる。 ◀ $1-x=t$ ➡ $x=1-t$ ➡ $x^2 = (1-t)^2$

よって，とりあえず

$\int_0^1 x^2(1-x)^n dx$ は $\int_0^1 (1-t)^2 t^n dx$ と書き直せるよね。

STEP2

$1-x=t$ とおくと
dx がどのように変わるのか，について考える。

▶ $\boxed{1-x=t \text{ を } x \text{ で微分する}}$ と ◀ dx と dt の関係式を求める

$-1 = \dfrac{dt}{dx}$ が得られるよね。 ◀ t を x で微分すると $\dfrac{dt}{dx}$ となる！

さらに，

$-1 = \dfrac{dt}{dx}$ の両辺に dx を掛けると，$-dx = dt$ になるので

$\underline{dx = -dt}$ が得られる。 ◀ 両辺に -1 を掛けた

よって，とりあえず

$\int_0^1 (1-t)^2 t^n dx$ は $\int_0^1 (1-t)^2 t^n (-dt)$ と書き直せるよね。

STEP3

$\left(\int_0^1 \text{は } x \text{ で積分するときの範囲なので} \right)$ ◀ $x=0$ から $x=1$ まで積分する

$1-x=t$ とおくと
$\int_0^1$ がどのように変わるのか，について考える。

▶ $\underline{x \text{ が } 1 \text{ のとき，} t \text{ は } 0 \text{ になり，}}$ ◀ $1-x=t$ に $x=1$ を代入して t の積分区間を求めた！
$\underline{x \text{ が } 0 \text{ のとき，} t \text{ は } 1 \text{ になる。}}$ ◀ $1-x=t$ に $x=0$ を代入して t の積分区間を求めた！

よって，

$\int_0^1 (1-t)^2 t^n (-dt)$ は $\int_1^0 (1-t)^2 t^n (-dt)$ と書き直せることが

分かった！

◀ $x=1$ のとき $t=0$ ◀ $1-x=t$ に $x=1$ を代入した
◀ $x=0$ のとき $t=1$ ◀ $1-x=t$ に $x=0$ を代入した

$\int_1^0 (1-t)^2 t^n (-dt)$ だったら簡単に解けるよね。　◀ 例題1とほとんど同じ形！

まず，

$\boxed{-dt = (-1)dt}$ を考え，　◀ -dt=(-1)×dt

$\int_1^0 (1-t)^2 t^n (-dt) = -\int_1^0 (1-t)^2 t^n dt$　◀ $-$ を $\int$ の外に出した

がいえるよね。

さらに，

$\boxed{-\int_\beta^\alpha f(t)dt = \int_\alpha^\beta f(t)dt}$ を考え，　◀ 数Ⅱで習う重要公式！

$-\int_1^0 (1-t)^2 t^n dt = \int_0^1 (1-t)^2 t^n dt$ がいえるよね。

$\int_0^1 (1-t)^2 t^n dt$ は 例題1 と全く同じ形なので簡単に解けるよね！

$\int_0^1 (1-t)^2 t^n dt$

$= \int_0^1 (1-2t+t^2) t^n dt$　◀ $(1-t)^2$ だったら展開できる！

$= \int_0^1 (t^n - 2t^{n+1} + t^{n+2}) dt$　◀ 展開した

$= \int_0^1 t^n dt - 2\int_0^1 t^{n+1} dt + \int_0^1 t^{n+2} dt$　◀ $\int\{f(t)+g(t)\}dt = \int f(t)dt + \int g(t)dt$

$= \left[\dfrac{t^{n+1}}{n+1}\right]_0^1 - 2\left[\dfrac{t^{n+2}}{n+2}\right]_0^1 + \left[\dfrac{t^{n+3}}{n+3}\right]_0^1$　◀ Point 1.1 を使った

$= \dfrac{1}{n+1} - \dfrac{2}{n+2} + \dfrac{1}{n+3}$

このように，一見すると数Ⅱの範囲（**Point 1.1**）では解けそうにない問題でも，ちょっと置き換えをするだけで簡単に解けてしまうんだ。
このように**置き換え**をして解く**積分**のことを「**置換積分**」というんだ。

[解答]

$\int_0^1 x^2(1-x)^n dx$ において

$\boxed{1-x=t \text{ とおく}}$ と ◀ $\begin{cases} 1-x=t \Rightarrow x^2=(1-t)^2 \\ 1-x=t \Rightarrow (1-x)^n=t^n \end{cases}$

$-1 = \dfrac{dt}{dx}$ ◀ dxとdtの関係式を求めるために 1-x=t の両辺をxで微分した！

$\Leftrightarrow dx = -dt$ がいえるので， ◀ dxについて解いた

$\int_0^1 x^2(1-x)^n dx$

← x=1のとき t=0 ◀ 1-x=t に x=1 を代入した

$= \int_1^0 (1-t)^2 t^n (-dt)$ ◀ tの式で書き直した！

← x=0のとき t=1 ◀ 1-x=t に x=0 を代入した

$= \int_0^1 (1-t)^2 t^n dt$ ◀ $-\int_\beta^\alpha f(t)dt = \int_\alpha^\beta f(t)dt$

$= \int_0^1 (t^2-2t+1) t^n dt$ ◀ $(1-t)^2 = t^2-2t+1$

$= \int_0^1 (t^{n+2} - 2t^{n+1} + t^n) dt$ ◀ 展開した

$= \int_0^1 t^{n+2} dt - 2\int_0^1 t^{n+1} dt + \int_0^1 t^n dt$ ◀ $\int\{f(t)+g(t)\}dt = \int f(t)dt + \int g(t)dt$

$= \left[\dfrac{t^{n+3}}{n+3}\right]_0^1 - 2\left[\dfrac{t^{n+2}}{n+2}\right]_0^1 + \left[\dfrac{t^{n+1}}{n+1}\right]_0^1$ ◀ Point 1.1 を使った

$= \dfrac{1}{n+3} - \dfrac{2}{n+2} + \dfrac{1}{n+1}$ //

[別解について]

この問題については次の公式を使って一瞬で解くこともできる。

重要公式

$$\int_\alpha^\beta (x-\alpha)^m(\beta-x)^n dx = \frac{m!n!}{(m+n+1)!}(\beta-\alpha)^{m+n+1}$$

[別解]

$$\int_0^1 x^2(1-x)^n dx$$

$$= \int_0^1 (x-0)^2(1-x)^n dx \quad \blacktriangleleft x-\alpha \text{の形をつくるために} x \text{を} x-0 \text{と書き直した！}$$

$$= \frac{n!\,2!}{(n+3)!}1^{n+3} \quad \blacktriangleleft \frac{n!\,2!}{(n+2+1)!}(1-0)^{n+2+1}$$

$$= \frac{n!\cdot 2}{(n+3)(n+2)(n+1)n!} \quad \blacktriangleleft 2!=2\cdot 1=2$$
$$\blacktriangleleft (n+3)!=(n+3)(n+2)(n+1)\boxed{n(n-1)\cdots 3\cdot 2\cdot 1}$$
$$\underset{n!}{\uparrow}$$

$$= \frac{2}{(n+3)(n+2)(n+1)} \quad \blacktriangleleft \text{分母分子の} n! \text{を約分した}$$

（注）

[解答] の $\dfrac{1}{n+1}-\dfrac{2}{n+2}+\dfrac{1}{n+3}$ の分母をそろえると

[別解] の $\dfrac{2}{(n+3)(n+2)(n+1)}$ になる。

― 例題 3 ―

$\int_0^1 (t+1)\sqrt{t}\,dt$ を求めよ。

[考え方]

$\int_0^1 (t+1)\sqrt{t}\,dt$ はすぐに **Point 1.1** の形になる，ということは分かるかい？

$\sqrt{t}$ を $t^{\frac{1}{2}}$ と書き直して $(t+1)t^{\frac{1}{2}}$ を展開すれば $t^{\frac{3}{2}}+t^{\frac{1}{2}}$ になるので ◀ $t^m \cdot t^n = t^{m+n}$

Point 1.1 が使えるよね。

[解答]

$\int_0^1 (t+1)\sqrt{t}\,dt = \int_0^1 (t+1)t^{\frac{1}{2}}dt$ ◀ $\sqrt{t}=t^{\frac{1}{2}}$

$= \int_0^1 (t^{\frac{3}{2}}+t^{\frac{1}{2}})dt$ ◀ $t^m \cdot t^n = t^{m+n}$

$= \left[\dfrac{2}{5}t^{\frac{5}{2}}+\dfrac{2}{3}t^{\frac{3}{2}}\right]_0^1$ ◀ Point 1.1 を使った

$= \dfrac{2}{5}+\dfrac{2}{3}$

$= \underline{\dfrac{16}{15}}$ // ◀ $\dfrac{6}{15}+\dfrac{10}{15}$

例題 4

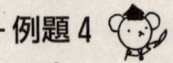

$\int_1^2 x\sqrt{x-1}\,dx$ を求めよ。

[考え方]

この問題は **例題 3** のように

$\int_1^2 x\sqrt{x-1}\,dx$ を $\int_1^2 x(x-1)^{\frac{1}{2}}dx$ と書き直しても，

これ以上は変形できないから **Point 1.1** の形には ならないよね。

だけど，もしも $x(x-1)^{\frac{1}{2}}$ が $x \cdot x^{\frac{1}{2}}$ の形だったら

$x \cdot x^{\frac{1}{2}} = x^{\frac{3}{2}}$ ◀ $x^m \cdot x^n = x^{m+n}$

のように変形でき，**Point 1.1** が使えるね。

そこで，**Point 1.1** が使えるように

$(x-1)^{\frac{1}{2}}$ を $x^{\frac{1}{2}}$ の形にしたいので $x-1=t$ とおこう。

STEP1

$x-1=t$ とおくと
$x\sqrt{x-1}$ がどのように変わるのか，について考える。

▶ x は $t+1$ になり， ◀ $x-1=t$ ➡ $x=t+1$

$\sqrt{x-1}$ は $\sqrt{t}$ となる。 ◀ $x-1=t$ ➡ $\sqrt{x-1}=\sqrt{t}$

よって，とりあえず

$\int_1^2 x\sqrt{x-1}\,dx$ は $\int_1^2 (t+1)\sqrt{t}\,dx$ と書き直せるよね。

STEP2

$x-1=t$ とおくと
dx がどのように変わるのか，について考える。

▶ $\boxed{x-1=t \text{ を } x \text{ で微分する}}$ と ◀ dxとdtの関係式を求める

$1=\dfrac{dt}{dx}$ が得られるよね。 ◀ tをxで微分すると $\dfrac{dt}{dx}$ となる！

さらに，

$1=\dfrac{dt}{dx}$ の両辺に dx を掛けると

$dx=dt$ が得られる。

よって，とりあえず

$\displaystyle\int_1^2 (t+1)\sqrt{t}\,dx$ は $\displaystyle\int_1^2 (t+1)\sqrt{t}\,dt$ と書き直せるよね。

STEP3

$\left(\displaystyle\int_1^2 \text{ は } x \text{ で積分するときの範囲なので}\right)$ ◀ x=1からx=2まで積分する

$x-1=t$ とおくと

$\displaystyle\int_1^2$ がどのように変わるのか，について考える。

▶ x が 2 のとき，t は 1 になり， ◀ x-1=tにx=2を代入してtの積分区間を求めた！
x が 1 のとき，t は 0 になる。 ◀ x-1=tにx=1を代入してtの積分区間を求めた！

よって，

$\displaystyle\int_1^2 (t+1)\sqrt{t}\,dt$ は $\displaystyle\int_0^1 (t+1)\sqrt{t}\,dt$ と書き直せることが分かった！

 ◀ x=2のとき t=1 ◀ x-1=tにx=2を代入した
 ◀ x=1のとき t=0 ◀ x-1=tにx=1を代入した

$\int_0^1 (t+1)\sqrt{t}\,dt$ だったら簡単だよね。 ◀ 例題3 参照

$\int_0^1 (t+1)\sqrt{t}\,dt = \int_0^1 (t+1)t^{\frac{1}{2}}dt$ ◀ $\sqrt{t}=t^{\frac{1}{2}}$

$\quad = \int_0^1 (t^{\frac{3}{2}}+t^{\frac{1}{2}})\,dt$ ◀ 展開した

$\quad = \left[\dfrac{2}{5}t^{\frac{5}{2}}+\dfrac{2}{3}t^{\frac{3}{2}}\right]_0^1$ ◀ Point 1.1 を使った

$\quad = \dfrac{2}{5}+\dfrac{2}{3}$

$\quad = \dfrac{16}{15}$ ◀ $\dfrac{6}{15}+\dfrac{10}{15}$

[解答]

$\int_1^2 x\sqrt{x-1}\,dx$ において

$\boxed{x-1=t \text{ とおく}}$ と ◀ $\begin{cases} x-1=t \Rightarrow x=t+1 \\ x-1=t \Rightarrow \sqrt{x-1}=\sqrt{t}=t^{\frac{1}{2}} \end{cases}$

$1=\dfrac{dt}{dx}$ ◀ dx と dt の関係式を求めるために $x-1=t$ の両辺を x で微分した!

$\Leftrightarrow dx=dt$ がいえるので, ◀ dx について解いた

$\int_1^2 x\sqrt{x-1}\,dx = \int_0^1 (t+1)t^{\frac{1}{2}}dt$ ◀ $x=2$ のとき $t=1$ ◀ $x-1=t$ に $x=2$ を代入した

◀ t の式で書き直した

◀ $x=1$ のとき $t=0$ ◀ $x-1=t$ に $x=1$ を代入した

$\quad = \int_0^1 (t^{\frac{3}{2}}+t^{\frac{1}{2}})\,dt$ ◀ 展開した

$\quad = \left[\dfrac{2}{5}t^{\frac{5}{2}}+\dfrac{2}{3}t^{\frac{3}{2}}\right]_0^1$ ◀ Point 1.1 を使った

$\quad = \dfrac{2}{5}+\dfrac{2}{3}$

$\quad = \dfrac{16}{15}$ ◀ $\dfrac{6}{15}+\dfrac{10}{15}$

---練習問題 1-----------------------------

(1) $\int_0^1 x\sqrt{x+3}\,dx$ を求めよ。

(2) $\int_0^{\frac{1}{3}} 3x\sqrt[3]{1-3x}\,dx$ を求めよ。

(3) $\int_{-\frac{1}{2}}^0 x^2\sqrt{2x+1}\,dx$ を求めよ。

---例題 5-----------------------------

$\int_0^1 \dfrac{x}{\sqrt{x+3}+\sqrt{x}}\,dx$ を求めよ。

[考え方]

今までは，$\sqrt{x+3}\ [=(x+3)^{\frac{1}{2}}]$ を $x^{\frac{1}{2}}$ の形にするために
$x+3=t$ とおいていたよね。
だけど，今回の場合は
$x+3=t$ という置き換えは あまり意味がないよね。
えっ，なぜかって？

確かに $x+3=t$ とおけば，
$\sqrt{x+3}\ [=(x+3)^{\frac{1}{2}}]$ は $t^{\frac{1}{2}}$ と書き直せるので
$\sqrt{x+3}$ は考えやすい形になるよね。

だけど，$x+3=t$ とおくと，　◀ $x+3=t$ ➡ $\underline{x=t-3}$
もともとは考えやすかった $\sqrt{x}\ [=x^{\frac{1}{2}}]$ が $(t-3)^{\frac{1}{2}}$ になって
かえって考えにくくなっちゃうよね。

つまり，今までの問題とは違って，

$\dfrac{x}{\sqrt{x+3}+\sqrt{x}}$ には $\sqrt{}$ が2つもあるので

単純に1つだけを置き換えても うまくいかないのである。

そこで，ちょっと考えてみよう。

まず，

$\displaystyle\int_0^1 \dfrac{x}{\sqrt{x+3}+\sqrt{x}}\,dx$ の形のままでは 求めることができないので

とにかく式変形が必要だよね。

$\dfrac{x}{\sqrt{x+3}+\sqrt{x}}$ を変形するには どうしたらいい？

分母が $\sqrt{}+\sqrt{}$ の形なので とりあえず有理化できるよね。

そこで $\boxed{\dfrac{x}{\sqrt{x+3}+\sqrt{x}}}$ を有理化してみよう。

$\displaystyle\int_0^1 \dfrac{x}{\sqrt{x+3}+\sqrt{x}}\,dx$

$= \displaystyle\int_0^1 \dfrac{x}{\sqrt{x+3}+\sqrt{x}} \cdot \dfrac{\sqrt{x+3}-\sqrt{x}}{\sqrt{x+3}-\sqrt{x}}\,dx$ ◀ 有理化するために $\dfrac{\sqrt{x+3}-\sqrt{x}}{\sqrt{x+3}-\sqrt{x}}[=1]$ を掛けた!

$= \displaystyle\int_0^1 \dfrac{x(\sqrt{x+3}-\sqrt{x})}{(\sqrt{x+3})^2-(\sqrt{x})^2}\,dx$ ◀ $(a+b)(a-b)=a^2-b^2$

$= \displaystyle\int_0^1 \dfrac{x\sqrt{x+3}-x\sqrt{x}}{x+3-x}\,dx$ ◀ 展開した

$= \displaystyle\int_0^1 \dfrac{x\sqrt{x+3}-x\sqrt{x}}{3}\,dx$ ◀ 分母から 変数が 消えた!

$= \dfrac{1}{3}\displaystyle\int_0^1 (x\sqrt{x+3}-x\sqrt{x})\,dx$ ◀ $\dfrac{1}{3}$ を $\int$ の外に出した

$= \dfrac{1}{3}\displaystyle\int_0^1 x\sqrt{x+3}\,dx - \dfrac{1}{3}\displaystyle\int_0^1 x\sqrt{x}\,dx$ ◀ $\int\{f(x)+g(x)\}dx = \int f(x)dx + \int g(x)dx$

$\int_0^1 x\sqrt{x+3}\,dx$ と $\int_0^1 x\sqrt{x}\,dx$ だったら簡単だよね。

まず，$\int_0^1 x\sqrt{x+3}\,dx$ は **練習問題1**(1)で求めているよね。

また，$\int_0^1 x\sqrt{x}\,dx$ は

$\int_0^1 x\sqrt{x}\,dx$

$= \int_0^1 x \cdot x^{\frac{1}{2}}\,dx$ ◀ $\sqrt{x} = x^{\frac{1}{2}}$

$= \int_0^1 x^{\frac{3}{2}}\,dx$ ◀ $x^m \cdot x^n = x^{m+n}$

と書き直せるので，**Point 1.1** が使えるよね。

このように，
一見すると 今までの知識では解けそうにない問題でも，
分母が $\sqrt{\ } + \sqrt{\ }$ や $\sqrt{\ } - \sqrt{\ }$ の形であれば，有理化することにより
Point 1.1 や 簡単な置換積分の形になる場合が非常に多いのである。

以上をまとめると 次のようになる。

Point 1.2 〈有理化による積分の解法〉

$\int \dfrac{f(x)}{g(x)}\,dx$ において

分母[▶$g(x)$] が $\sqrt{\ } + \sqrt{\ }$ or $\sqrt{\ } - \sqrt{\ }$ の形になっていたら

有理化してみよ！

[解答]

$$\int_0^1 \frac{x}{\sqrt{x+3}+\sqrt{x}}dx = \int_0^1 \frac{x}{\sqrt{x+3}+\sqrt{x}} \cdot \frac{\sqrt{x+3}-\sqrt{x}}{\sqrt{x+3}-\sqrt{x}}dx \quad \blacktriangleleft 有理化した！$$

$$= \int_0^1 \frac{x(\sqrt{x+3}-\sqrt{x})}{x+3-x}dx \quad \blacktriangleleft 展開した$$

$$= \frac{1}{3}\int_0^1 (x\sqrt{x+3}-x\sqrt{x})dx \quad \blacktriangleleft 分母から変数が消えた！$$

$$= \frac{1}{3}\int_0^1 x\sqrt{x+3}\,dx - \frac{1}{3}\int_0^1 x\sqrt{x}\,dx \quad \cdots\cdots (*)$$

ここで，$\int_0^1 x\sqrt{x+3}\,dx$ を求める。

$\boxed{x+3=t \text{ とおく}}$ と $\blacktriangleleft \begin{cases} x+3=t \Rightarrow x=t-3 \\ x+3=t \Rightarrow \sqrt{x+3}=\sqrt{t}=t^{\frac{1}{2}} \end{cases}$

$$1 = \frac{dt}{dx} \quad \blacktriangleleft dxとdtの関係式を求めるためにx+3=tの両辺をxで微分した！$$

$\Leftrightarrow dx=dt$ がいえるので， $\blacktriangleleft dxについて解いた$

$$\int_0^1 x\sqrt{x+3}\,dx$$

$$= \int_3^4 (t-3)t^{\frac{1}{2}}dt \quad \blacktriangleleft x=t-3 と \sqrt{x+3}=t^{\frac{1}{2}} と dx=dt を代入した$$

$x=1$ のとき $t=4$ $\blacktriangleleft x+3=t に x=1 を代入した$

$$= \int_3^4 (t^{\frac{3}{2}}-3t^{\frac{1}{2}})dt \quad \blacktriangleleft 展開した$$

$x=0$ のとき $t=3$ $\blacktriangleleft x+3=t に x=0 を代入した$

$$= \left[\frac{2}{5}t^{\frac{5}{2}} - 3\cdot\frac{2}{3}t^{\frac{3}{2}}\right]_3^4 \quad \blacktriangleleft Point\,1.1\,を使った$$

$$= -\frac{16}{5} + \frac{12}{5}\sqrt{3} \quad \cdots\cdots ① \quad \blacktriangleleft 練習問題1\,(1)\,参照．$$

次に，$\int_0^1 x\sqrt{x}\,dx$ を求める。

$\int_0^1 x\sqrt{x}\,dx = \int_0^1 x \cdot x^{\frac{1}{2}}\,dx$ ◀ $\sqrt{x} = x^{\frac{1}{2}}$

$\qquad = \int_0^1 x^{\frac{3}{2}}\,dx$ ◀ $x^m \cdot x^n = x^{m+n}$

$\qquad = \left[\dfrac{2}{5}x^{\frac{5}{2}}\right]_0^1$ ◀ Point 1.1 を使った

$\qquad = \dfrac{2}{5}$ …… ②

①と②を(*)に代入すると，

$\int_0^1 \dfrac{x}{\sqrt{x+3}+\sqrt{x}}\,dx = \dfrac{1}{3}\int_0^1 x\sqrt{x+3}\,dx - \dfrac{1}{3}\int_0^1 x\sqrt{x}\,dx$ ……(*)

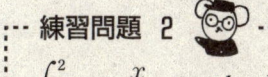

$\qquad = \dfrac{1}{3}\left(-\dfrac{16}{5}+\dfrac{12}{5}\sqrt{3}\right) - \dfrac{1}{3} \cdot \dfrac{2}{5}$ ◀ ①と②を代入した

$\qquad = -\dfrac{16}{15}+\dfrac{4}{5}\sqrt{3}-\dfrac{2}{15}$ ◀ 展開した

$\qquad = -\dfrac{6}{5}+\dfrac{4}{5}\sqrt{3}$ ◀ $-\dfrac{18}{15}+\dfrac{4}{5}\sqrt{3}$

練習問題 2

$\int_1^2 \dfrac{x}{\sqrt{x-1}-\sqrt{x}}\,dx$ を求めよ。

例題 6

$\int_0^1 \dfrac{(x+1)^2}{\sqrt{x}}\,dx$ を求めよ。

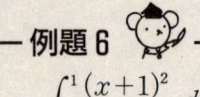

[考え方]

　一般に，分母に変数が入っている積分は 簡単には解けないので $\int_0^1 \dfrac{(x+1)^2}{\sqrt{x}}\,dx$ は 分母に $\sqrt{x}$ があるから 簡単に解けそうにないよね。

だけど，分子の $(x+1)^2$ を展開してみると，

$\int_0^1 \dfrac{(x+1)^2}{\sqrt{x}}\,dx$

$= \int_0^1 \dfrac{x^2+2x+1}{\sqrt{x}}\,dx$　◀ $(x+1)^2 = x^2+2x+1$

$= \int_0^1 \left(\dfrac{x^2}{\sqrt{x}} + 2\dfrac{x}{\sqrt{x}} + \dfrac{1}{\sqrt{x}} \right) dx$

$= \int_0^1 \left(\dfrac{x^2}{x^{\frac{1}{2}}} + 2\dfrac{x}{x^{\frac{1}{2}}} + \dfrac{1}{x^{\frac{1}{2}}} \right) dx$　◀ $\sqrt{x} = x^{\frac{1}{2}}$

$= \int_0^1 \left(x^{\frac{3}{2}} + 2x^{\frac{1}{2}} + x^{-\frac{1}{2}} \right) dx$　◀ $\dfrac{x^m}{x^n} = x^{m-n}$, $\dfrac{1}{x^n} = x^{-n}$

$= \int_0^1 x^{\frac{3}{2}}\,dx + 2\int_0^1 x^{\frac{1}{2}}\,dx + \int_0^1 x^{-\frac{1}{2}}\,dx$　◀ Point 1.1 の形になった！

のように分母がなくなるので，この問題は分数形であっても例外的に解けるのである。

　このように，
分子が整式で 分母が x^n の形だったら，　◀ $\sqrt{x}$ は $x^{\frac{1}{2}}$ と書き直せる！
分数の積分であっても（**Point 1.1** の形にすることができるので）
簡単に求めることができるんだ。

[解答]

$$\int_0^1 \frac{(x+1)^2}{\sqrt{x}}dx$$

$$= \int_0^1 \frac{x^2+2x+1}{\sqrt{x}}dx \quad \blacktriangleleft (x+1)^2 \text{を展開した}$$

$$= \int_0^1 \left(\frac{x^2}{\sqrt{x}}+2\frac{x}{\sqrt{x}}+\frac{1}{\sqrt{x}}\right)dx$$

$$= \int_0^1 \left(\frac{x^2}{x^{\frac{1}{2}}}+2\frac{x}{x^{\frac{1}{2}}}+\frac{1}{x^{\frac{1}{2}}}\right)dx \quad \blacktriangleleft \sqrt{x}=x^{\frac{1}{2}}$$

$$= \int_0^1 (x^{\frac{3}{2}}+2x^{\frac{1}{2}}+x^{-\frac{1}{2}})dx \quad \blacktriangleleft \frac{x^m}{x^n}=x^{m-n},\ \frac{1}{x^n}=x^{-n}$$

$$= \left[\frac{2}{5}x^{\frac{5}{2}}+2\cdot\frac{2}{3}x^{\frac{3}{2}}+2x^{\frac{1}{2}}\right]_0^1 \quad \blacktriangleleft \text{Point 1.1 を使った}$$

$$= \frac{2}{5}+\frac{4}{3}+2$$

$$= \underline{\frac{56}{15}}\ // \quad \blacktriangleleft \frac{6}{15}+\frac{20}{15}+\frac{30}{15}$$

例題 7

$\int_1^2 \frac{x^2}{\sqrt{x-1}}dx$ を求めよ。

[考え方]

まず，$\int_1^2 \frac{x^2}{\sqrt{x-1}}dx$ は分母に x^n の形でない変数 $\sqrt{x-1}$ が入っているので簡単には解けないよね。 ◀ 分母を簡単に消すことができないから！

だけど，もしも，分母の $\sqrt{x-1}$ が $\sqrt{x}\ [=x^{\frac{1}{2}}]$ だったら例題6のように，分母から変数 x を消すことができるよね。

そこで，$\boxed{x-1=t\text{ とおく}}$ と ◀ $\begin{cases} x=t+1 \Rightarrow x^2=(t+1)^2 \\ x-1=t \Rightarrow \sqrt{x-1}=\sqrt{t} \end{cases}$

$$1 = \frac{dt}{dx}$$ ◀ dx と dt の関係式を求めるために $x-1=t$ の両辺を x で微分した!

$\Leftrightarrow dx = dt$ がいえるので, ◀ dx について解いた

$$\int_1^2 \frac{x^2}{\sqrt{x-1}} dx$$

$$= \int_0^{①} \frac{(t+1)^2}{\sqrt{t}} dt$$ が得られる。 ◀ $x^2 = (t+1)^2$ と $\sqrt{x-1}=\sqrt{t}$ と $dx = dt$ を代入した

　　$x=2$ のとき $t=1$ ◀ $x-1=t$ に $x=2$ を代入した
　　$x=1$ のとき $t=0$ ◀ $x-1=t$ に $x=1$ を代入した

$\int_0^1 \frac{(t+1)^2}{\sqrt{t}} dt$ は 例題6 と同じ形なので あとは簡単だね。

[解答]

$\int_1^2 \frac{x^2}{\sqrt{x-1}} dx$ において

$\boxed{x-1 = t \text{ とおく}}$ と ◀ $\begin{cases} x-1=t \Rightarrow x=t+1 \Rightarrow x^2 = (t+1)^2 \\ x-1=t \Rightarrow \sqrt{x-1}=\sqrt{t} \end{cases}$

$$1 = \frac{dt}{dx}$$ ◀ dx と dt の関係式を求めるために $x-1=t$ の両辺を x で微分した!

$\Leftrightarrow dx = dt$ がいえるので, ◀ dx について解いた

$$\int_1^2 \frac{x^2}{\sqrt{x-1}} dx$$

　　$x=2$ のとき $t=1$ ◀ $x-1=t$ に $x=2$ を代入した
$= \int_0^{①} \frac{(t+1)^2}{\sqrt{t}} dt$ ◀ $x^2 = (t+1)^2$ と $\sqrt{x-1}=\sqrt{t}$ と $dx=dt$ を代入した
　　$x=1$ のとき $t=0$ ◀ $x-1=t$ に $x=1$ を代入した

$= \int_0^1 \frac{t^2 + 2t + 1}{\sqrt{t}} dt$ ◀ $(t+1)^2$ を展開した

$= \int_0^1 \left(\frac{t^2}{\sqrt{t}} + 2\frac{t}{\sqrt{t}} + \frac{1}{\sqrt{t}} \right) dt$

$= \int_0^1 \left(\frac{t^2}{t^{\frac{1}{2}}} + 2\frac{t}{t^{\frac{1}{2}}} + \frac{1}{t^{\frac{1}{2}}} \right) dt$ ◀ $\sqrt{t} = t^{\frac{1}{2}}$

$= \int_0^1 (t^{\frac{3}{2}} + 2t^{\frac{1}{2}} + t^{-\frac{1}{2}}) dt$ ◀ $\frac{t^m}{t^n} = t^{m-n}, \frac{1}{t^n} = t^{-n}$

$$= \left[\frac{2}{5}t^{\frac{5}{2}}+\frac{4}{3}t^{\frac{3}{2}}+2t^{\frac{1}{2}}\right]_0^1 \quad \blacktriangleleft \text{Point 1.1 を使った}$$

$$= \frac{2}{5}+\frac{4}{3}+2$$

$$= \underline{\frac{56}{15}} \quad \blacktriangleleft \frac{6}{15}+\frac{20}{15}+\frac{30}{15}$$

[別解の考え方]

[解答]の発想の原点は

$\int_1^2 \frac{x^2}{\sqrt{x-1}}dx$ が $\int_1^2 \frac{x^2}{\sqrt{x}}dx$ の形であったら簡単に求められる,

ということだったよね。
だけど,

$\int_1^2 \frac{x^2}{\sqrt{x-1}}dx$ が $\int_1^2 \frac{x^2}{x}dx$ の形であったら簡単に求められる,

と考えてもいいよね。
そこで，ここでは $\boxed{\sqrt{x-1}=t}$ とおいてみよう。

まず，

$\boxed{\sqrt{x-1}=t \text{ の両辺を } x \text{ で微分する}}$ と $\quad \blacktriangleleft dx$ と dt の関係式を求める

$$(\sqrt{x-1})' = \frac{dt}{dx} \quad \blacktriangleleft \sqrt{x-1}=t \text{ の両辺を } x \text{ で微分した}$$

$$\Leftrightarrow \{(x-1)^{\frac{1}{2}}\}' = \frac{dt}{dx} \quad \blacktriangleleft \sqrt{A}=A^{\frac{1}{2}} \text{を使って微分しやすい形にした！}$$

$$\Leftrightarrow \frac{1}{2}(x-1)^{-\frac{1}{2}} = \frac{dt}{dx} \quad \blacktriangleleft \{(x+A)^n\}' = n(x+A)^{n-1}$$

$$\Leftrightarrow \frac{1}{2}\cdot\frac{1}{(x-1)^{\frac{1}{2}}} = \frac{dt}{dx} \quad \blacktriangleleft A^{-n} = \frac{1}{A^n}$$

$$\Leftrightarrow \frac{1}{2}\cdot\frac{1}{\sqrt{x-1}} = \frac{dt}{dx} \quad \blacktriangleleft A^{\frac{1}{2}} = \sqrt{A}$$

$$\Leftrightarrow \underline{dx = 2\sqrt{x-1}\,dt} \quad \blacktriangleleft \text{両辺に } 2\sqrt{x-1}\cdot dx \text{ を掛けて } dx \text{ について解いた}$$

が得られる。

さらに，$\sqrt{x-1}=t$ より
$dx=2\sqrt{x-1}\,dt$ は
$\underline{dx=2t\,dt}$ ◀ dxをtだけの式で表すことができた！
と書き直せるので，

$\displaystyle\int_1^2 \dfrac{x^2}{\sqrt{x-1}}\,dx$

$=\displaystyle\int_0^1 \dfrac{(t^2+1)^2}{t}\cdot 2t\,dt$
　　 ◀ $x=2$ のとき $t=1$　◀ $\sqrt{x-1}=t$ に $x=2$ を代入した
　　 ◀ $x=1$ のとき $t=0$　◀ $\sqrt{x-1}=t$ に $x=1$ を代入した
　　 ◀ $\sqrt{x-1}=t$ ⇒ $x-1=t^2$ ⇒ $x=t^2+1$ ⇒ $x^2=(t^2+1)^2$

$=2\displaystyle\int_0^1 (t^2+1)^2\,dt$ ◀ 分母分子のtを約分した

$=2\displaystyle\int_0^1 (t^4+2t^2+1)\,dt$ ◀ 展開した

$\displaystyle\int_0^1 (t^4+2t^2+1)\,dt$ だったら，**Point 1.1** が使えるので簡単に求められるよね。

[別解]

$\displaystyle\int_1^2 \dfrac{x^2}{\sqrt{x-1}}\,dx$ において

$\boxed{\sqrt{x-1}=t\ \text{とおく}}$ と ◀ $\sqrt{x-1}=t$ ⇒ $x-1=t^2$ ⇒ $x=t^2+1$ ⇒ $x^2=(t^2+1)^2$

$\dfrac{1}{2}\cdot\dfrac{1}{\sqrt{x-1}}=\dfrac{dt}{dx}$ ◀ $\sqrt{x-1}=t$ の両辺を x で微分した（[考え方]参照）

⇔ $dx=2\sqrt{x-1}\,dt$ ◀ dxについて解いた
⇔ $dx=2t\,dt$ がいえるので， ◀ $\sqrt{x-1}=t$ を使ってtだけの式にした！

$$\int_1^2 \frac{x^2}{\sqrt{x-1}}\,dx$$

$$=\int_0^{①1} \frac{(t^2+1)^2}{t}\cdot 2t\,dt \quad \blacktriangleleft x^2=(t^2+1)^2 \text{と} \sqrt{x-1}=t \text{と} dx=2t\,dt \text{を代入した}$$

① $x=2$のとき $t=1$ ◀ $\sqrt{x-1}=t$ に $x=2$ を代入した
② $x=1$のとき $t=0$ ◀ $\sqrt{x-1}=t$ に $x=1$ を代入した

$$=2\int_0^1 (t^4+2t^2+1)\,dt \quad \blacktriangleleft (t^2+1)^2=t^4+2t^2+1$$

$$=2\left[\frac{t^5}{5}+\frac{2}{3}t^3+t\right]_0^1 \quad \blacktriangleleft \text{Point 1.1 を使った}$$

$$=2\left(\frac{1}{5}+\frac{2}{3}+1\right)$$

$$=\underline{\frac{56}{15}} \quad \blacktriangleleft 2\left(\frac{3}{15}+\frac{10}{15}+\frac{15}{15}\right)$$

例題 8

$\int_0^1 \sqrt{1-\sqrt{x}}\,dx$ を求めよ。

[考え方]

まず，$\int_0^1 \sqrt{1-\sqrt{x}}\,dx$ をすぐに求めるのは 無理そうだよね。

だけど，もしも $\int_0^1 \sqrt{1-\sqrt{x}}\,dx$ が $\int_0^1 \sqrt{x}\,dx$ だったら

$$\int_0^1 \sqrt{x}\,dx = \int_0^1 x^{\frac{1}{2}}\,dx \quad \blacktriangleleft \sqrt{x}=x^{\frac{1}{2}}$$

$$=\left[\frac{2}{3}x^{\frac{3}{2}}\right]_0^1 \quad \blacktriangleleft \text{Point 1.1 を使った}$$

$$=\frac{2}{3}$$ のように 簡単に求めることができるよね。

そこで，$1-\sqrt{x}$ を x の形にしたいので，$1-\sqrt{x}=t$ とおこう。

$\boxed{1-\sqrt{x}=t \text{ の両辺を } x \text{ で微分する}}$ と ◀ dx と dt の関係式を求める

$$(1-\sqrt{x})' = \frac{dt}{dx}$$

$\Leftrightarrow (1-x^{\frac{1}{2}})' = \dfrac{dt}{dx}$ ◀ $\sqrt{x}=x^{\frac{1}{2}}$ を使って微分しやすい形にした！

$\Leftrightarrow -\dfrac{1}{2}x^{-\frac{1}{2}} = \dfrac{dt}{dx}$ ◀ $(x^n)' = nx^{n-1}$

$\Leftrightarrow -\dfrac{1}{2}\cdot\dfrac{1}{\sqrt{x}} = \dfrac{dt}{dx}$ ◀ $x^{-\frac{1}{2}} = \dfrac{1}{x^{\frac{1}{2}}} = \dfrac{1}{\sqrt{x}}$

$\Leftrightarrow dx = -2\sqrt{x}\,dt$ ◀ dx について解いた
$\Leftrightarrow dx = -2(1-t)\,dt$ ◀ $\sqrt{x}=1-t$ を使って t だけの式にした！

がいえるので，

$\displaystyle\int_0^1 \sqrt{1-\sqrt{x}}\,dx$

　　　　　　$x=1$ のとき $t=0$ ◀ $1-\sqrt{x}=t$ に $x=1$ を代入した
$= \displaystyle\int_1^0 \sqrt{t}\,\{-2(1-t)\,dt\}$ ◀ $1-\sqrt{x}=t$ と $dx=-2(1-t)dt$ を代入した
　　　　　　$x=0$ のとき $t=1$ ◀ $1-\sqrt{x}=t$ に $x=0$ を代入した

$= 2\displaystyle\int_0^1 \sqrt{t}\,(1-t)\,dt$ ◀ $-\displaystyle\int_\beta^\alpha f(t)\,dt = \int_\alpha^\beta f(t)\,dt$

$= 2\displaystyle\int_0^1 t^{\frac{1}{2}}(1-t)\,dt$ ◀ $\sqrt{t}=t^{\frac{1}{2}}$

$= 2\displaystyle\int_0^1 (t^{\frac{1}{2}} - t^{\frac{3}{2}})\,dt$ ◀ $t^m \cdot t^n = t^{m+n}$

$\displaystyle\int_0^1 (t^{\frac{1}{2}} - t^{\frac{3}{2}})\,dt$ だったら，**Point 1.1** を使って簡単に求められるよね。

[解答]

$\int_0^1 \sqrt{1-\sqrt{x}}\,dx$ において

$\boxed{1-\sqrt{x}=t \text{ とおく}}$ と

$-\dfrac{1}{2}\cdot\dfrac{1}{\sqrt{x}}=\dfrac{dt}{dx}$ ◀ $1-\sqrt{x}=t$ の両辺を x で微分した（[考え方]参照）

$\Leftrightarrow dx=-2\sqrt{x}\,dt$ ◀ dx について解いた

$\Leftrightarrow dx=-2(1-t)\,dt$ ◀ $1-\sqrt{x}=t$ を使って t だけの式にした！

がいえるので，

$\int_0^1 \sqrt{1-\sqrt{x}}\,dx$

$=\int_1^0 \sqrt{t}\{-2(1-t)\,dt\}$
◀ $x=1$ のとき $t=0$ ◀ $1-\sqrt{x}=t$ に $x=1$ を代入した
◀ $1-\sqrt{x}=t$ と $dx=-2(1-t)dt$ を代入した
◀ $x=0$ のとき $t=1$ ◀ $1-\sqrt{x}=t$ に $x=0$ を代入した

$=2\int_0^1 \sqrt{t}(1-t)\,dt$ ◀ $-\int_\beta^\alpha f(t)\,dt = \int_\alpha^\beta f(t)\,dt$

$=2\int_0^1 (t^{\frac{1}{2}} - t^{\frac{3}{2}})\,dt$ ◀ $\sqrt{t}=t^{\frac{1}{2}}$

$=2\left[\dfrac{2}{3}t^{\frac{3}{2}} - \dfrac{2}{5}t^{\frac{5}{2}}\right]_0^1$ ◀ Point 1.1 を使った

$=2\left(\dfrac{2}{3}-\dfrac{2}{5}\right)$

$=\underline{\dfrac{8}{15}}$ ◀ $2\left(\dfrac{10}{15}-\dfrac{6}{15}\right)$

練習問題 3

(1) $\int_{-1}^0 \dfrac{x-1}{\sqrt[3]{x+1}}\,dx$ を求めよ。

(2) $\int_4^9 \sqrt[3]{\sqrt{x}-2}\,dx$ を求めよ。

<メモ>

Section 2 $\int \frac{f'(x)}{f(x)} dx = \log f(x)$ 型 の積分 PART-1

一般に，分数の形の積分は非常に難しいといわれている。だけど，分数形の積分であっても $\int \frac{f'(x)}{f(x)} dx$ という形になっていれば一瞬で解くことができるのである。しかも大学入試での分数形の積分は，少し変形をすれば $\int \frac{f'(x)}{f(x)} dx$ の形になるものが非常に多い。

この章では，分数形の積分の問題についてのうまい解法を解説することにしよう。

例題 9

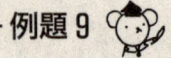

$\int \dfrac{a}{ax+b} \, dx$ を求めよ。ただし，a と b は定数で $a \neq 0$，$ax+b > 0$ とする。

[考え方]

まず，基本事項を確認しておこう。
$\log f(x)$ を微分すると次のようになるのは知っているよね？

$\boxed{\{\log f(x)\}' = \dfrac{f'(x)}{f(x)}}$ ……(*) ◀ これは必ず覚えておくこと！

また，一般に
$\boxed{g'(x) \text{ を } x \text{ で積分すると } g(x) \text{ になる}}$ よね。 ◀ $\int g'(x)\,dx = g(x)$

▶ 微分したものを積分すると もとの形に戻る!!

よって，
$\boxed{(*) \text{の両辺を } x \text{ で積分する}}$ と

$\{\log f(x)\}' = \dfrac{f'(x)}{f(x)}$ ……(*) は

$\log f(x) = \int \dfrac{f'(x)}{f(x)} \, dx$ になる！ ◀ $\{\log f(x)\}'$ を x で積分すると $\log f(x)$ になる！

このように，
僕らが普段使っている $\log f(x)$ の微分の公式を
単に積分するだけで次の公式が得られるんだ。

Point 2.1 〈$\dfrac{f'(x)}{f(x)}$ の積分公式〉

$\{\log f(x)\}' = \dfrac{f'(x)}{f(x)}$ の両辺を x で積分すると

$\int \dfrac{f'(x)}{f(x)} \, dx = \log f(x)$ が得られる。 ◀「$\dfrac{f'(x)}{f(x)}$ を積分すると $\log f(x)$ になる」

(ただし，$f(x) > 0$ とする。) ◀ log の真数条件!!

$\int \dfrac{f'(x)}{f(x)} dx = \log f(x)$ 型の積分 PART-1

以上のことを踏まえて

$\int \dfrac{a}{ax+b} dx$ について考えてみよう。

まず，

$ax+b$ を x で微分すると a になるので ◀ $(ax+b)' = a$

$\dfrac{a}{ax+b}$ は $\dfrac{(ax+b)'}{ax+b}$ と書き直せる よね。 ◀ $a = (ax+b)'$

つまり

$\dfrac{a}{ax+b}$ は $\dfrac{f'(x)}{f(x)}$ の形になっているんだ。 ◀ $f(x) = ax+b$ の場合

$\dfrac{f'(x)}{f(x)}$ の形だったら **Point 2.1** の

$\int \dfrac{f'(x)}{f(x)} dx = \log f(x)$ が使えるよね。

そこで，**Point 2.1** の公式を使うと

$\int \dfrac{a}{ax+b} dx = \int \dfrac{(ax+b)'}{ax+b} dx$ ◀ $\int \dfrac{f'(x)}{f(x)} dx$ の形！

$= \log(ax+b)$ が得られる。 ◀ $\int \dfrac{f'(x)}{f(x)} dx = \log f(x)$

[解答]

$\int \dfrac{a}{ax+b} dx = \int \dfrac{(ax+b)'}{ax+b} dx$ ◀ $a = (ax+b)'$

$= \log(ax+b)$ ◀ Point 2.1 を使った

例題10

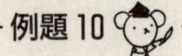

$\int \dfrac{1}{ax+b}\,dx$ を求めよ。ただし，a と b は定数で $a \neq 0$，$ax+b \neq 0$ とする。

[考え方]

まず，$(ax+b)' = a$ を考え

$\dfrac{1}{ax+b}$ は $\dfrac{f'(x)}{f(x)}$ の形じゃないよね。 ◀ もしも $\dfrac{1}{ax+b}$ が $\dfrac{a}{ax+b}$ だったら $\dfrac{(ax+b)'}{ax+b}$ と書き直せるので $\dfrac{f'(x)}{f(x)}$ の形になる！

だけど，

$\dfrac{1}{ax+b}$ は 例題9 の $\dfrac{a}{ax+b}$ とほとんど同じ形なので

Point 2.1 が使えそうだよね。

そこで，ちょっと考えてみよう。

もしも，

$\dfrac{1}{ax+b}$ が $\dfrac{a}{ax+b}\left[=\dfrac{(ax+b)'}{ax+b}\right]$ だったら $\dfrac{f'(x)}{f(x)}$ の形になるんだよね。

だから **Point 2.1** が使えるようにするためには

$\dfrac{1}{ax+b}$ の分子を a にすればいいよね。

そこで，

$\boxed{\dfrac{1}{ax+b} \text{ を } \dfrac{1}{a} \cdot \dfrac{a}{ax+b} \text{ と書き直そう！}}$ ◀ $\dfrac{1}{ax+b}$ に $\dfrac{a}{a}[=1]$ を掛けて分子を a にした！

そうすると

$\dfrac{1}{a} \cdot \dfrac{a}{ax+b}$ は $\dfrac{1}{a} \cdot \dfrac{(ax+b)'}{ax+b}$ と書き直せるから ◀ (定数)・$\dfrac{f'(x)}{f(x)}$ の形

Point 2.1 を使って 簡単に解くことができるよね。

以下，**Point 2.1** を使って実際に $\int \dfrac{1}{ax+b} dx$ を解いてみよう。

$\int \dfrac{1}{ax+b} dx$

$= \int \dfrac{1}{a} \cdot \dfrac{a}{ax+b} dx$ ◀ $\dfrac{a}{a}$ [=1] を掛けて分子をaにした！

$= \dfrac{1}{a} \int \dfrac{a}{ax+b} dx$ ◀ $\dfrac{1}{a}$ (定数) を $\int$ の外に出した

$= \dfrac{1}{a} \int \dfrac{(ax+b)'}{ax+b} dx$ ◀ $a=(ax+b)'$

$= \dfrac{1}{a} \log(ax+b)$ ◀ Point 2.1 を使った

まぁ，とりあえずこのように解くことができたけれど，実は，この問題では $\dfrac{1}{a}\log(ax+b)$ を答え，とするとマズイんだ。なぜだか分かるかい？

Point 2.1 の公式は

$\int \dfrac{f'(x)}{f(x)} dx = \log f(x)$ （ただし，$f(x) > 0$） だったよね。

例題9 では 問題文から $ax+b > 0$ がいえたので

単純に $\int \dfrac{(ax+b)'}{ax+b} dx = \log(ax+b)$ とすることができたんだ。

だけど，今回の**例題10** では $ax+b > 0$ がいえるとは限らないよね。
つまり，$ax+b$ の符号に関する条件は 特にないので
実際に $ax+b < 0$ になる可能性もあるんだ。

だから，この**例題10** では，$\dfrac{1}{a}\log(ax+b)$ の形だと

真数の $ax+b$ が負になってしまう場合もあるので，この形のままだとマズイんだ。

そこで，

$\log(ax+b)$ の真数 $ax+b$ を常に正にするために $\dfrac{1}{a}\log(ax+b)$ を $\dfrac{1}{a}\log|ax+b|$ と書き直そう！

◀ $|ax+b|$ だったら常に正になる！

$\dfrac{1}{a}\log|ax+b|$ だったら

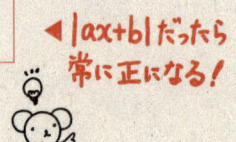

$ax+b$ の符号にかかわらず $\log$ の真数の $|ax+b|$ は常に正になるから何の問題も生じないよね。

重要事項

$\displaystyle\int \dfrac{f'(x)}{f(x)}\,dx = \log f(x)$ （ただし，$f(x)>0$）を使うとき，$f(x)$ が正とは限らない場合は，$\displaystyle\int \dfrac{f'(x)}{f(x)}\,dx = \log|f(x)|$ とせよ。

[解答]

$\displaystyle\int \dfrac{1}{ax+b}\,dx$

$= \displaystyle\int \dfrac{1}{a}\cdot\dfrac{a}{ax+b}\,dx$ ◀ $\dfrac{a}{a}[=1]$ を掛けて分子を a にした！

$= \dfrac{1}{a}\displaystyle\int \dfrac{a}{ax+b}\,dx$ ◀ $\dfrac{1}{a}$（定数）を $\int$ の外に出した

$= \dfrac{1}{a}\displaystyle\int \dfrac{(ax+b)'}{ax+b}\,dx$ ◀ $a=(ax+b)'$

$= \dfrac{1}{a}\log|ax+b|$ ◀ Point 2.1 を使った

例題11

$\int_3^4 \dfrac{1}{-x^2+4}\,dx$ を求めよ。

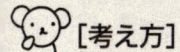

[考え方]

まず，この問題については
今までと同様に次のように解こうとする人がいるだろう。

[解答例]

$(-x^2+4)' = -2x$ より

$\int_3^4 \dfrac{1}{-x^2+4}\,dx$

$= \int_3^4 \dfrac{1}{-2x} \cdot \dfrac{-2x}{-x^2+4}\,dx$ ◀ $\dfrac{f'(x)}{f(x)}$ の形にするために $\dfrac{-2x}{-2x}[=1]$ を掛けた

$= \int_3^4 \dfrac{1}{-2x} \cdot \dfrac{(-x^2+4)'}{-x^2+4}\,dx$ ◀ $-2x = (-x^2+4)'$

$= -\dfrac{1}{2}\int_3^4 \dfrac{1}{x} \cdot \boxed{\dfrac{(-x^2+4)'}{-x^2+4}}\,dx$ ◀ $-\dfrac{1}{2}$ (定数) を $\int$ の外に出した

$= ??$ 　　↑ $\dfrac{f'(x)}{f(x)}$ の形をつくった！

確かに $\dfrac{f'(x)}{f(x)}$ の形はつくれたが，今までの問題とは違って

$\dfrac{f'(x)}{f(x)}\left[=\dfrac{(-x^2+4)'}{-x^2+4}\right]$ に $\dfrac{1}{x}$ (変数) が掛けてあるよね。

つまり，$\int \dfrac{1}{x} \cdot \dfrac{f'(x)}{f(x)}\,dx$ の形になっていて

Point 2.1 の $\int \dfrac{f'(x)}{f(x)}\,dx$ の形には なっていないよね。

Point 2.1 の公式はあくまで

$\int \frac{f'(x)}{f(x)} dx$ (or $\int (定数) \cdot \frac{f'(x)}{f(x)} dx$) の形にだけ使えるものであって，

$\int (変数) \cdot \frac{f'(x)}{f(x)} dx$ の形には使えないのである！

そこで，別の解法を考えよう。

とりあえず，$\int_3^4 \frac{1}{-x^2+4} dx$ の形のままでは求めることができないので

まず，$\int_3^4 \frac{1}{-x^2+4} dx$ を変形してみよう。

$\frac{1}{-x^2+4}$ の分母の $-x^2+4$ は

$-x^2+4=(-x+2)(x+2)$ のように因数分解できるよね。

さらに，

$\frac{1}{(-x+2)(x+2)}$ は $\frac{\frac{1}{4}}{-x+2} + \frac{\frac{1}{4}}{x+2}$ と書き直せる よね。◀[解説]を見よ！

よって，与式は

$\int_3^4 \frac{1}{-x^2+4} dx$

$= \int_3^4 \frac{1}{(-x+2)(x+2)} dx$ ◀ $-x^2+4=(-x+2)(x+2)$

$= \int_3^4 \left(\frac{\frac{1}{4}}{-x+2} + \frac{\frac{1}{4}}{x+2} \right) dx$ ◀ $\frac{1}{(-x+2)(x+2)} = \frac{\frac{1}{4}}{-x+2} + \frac{\frac{1}{4}}{x+2}$

$= \frac{1}{4} \int_3^4 \frac{1}{-x+2} dx + \frac{1}{4} \int_3^4 \frac{1}{x+2} dx$ ◀ $\frac{1}{4}$(定数)を $\int$ の外に出した

と変形できる。

だから

$\int_3^4 \dfrac{1}{-x^2+4}dx$ を求めるためには

$\int_3^4 \dfrac{1}{-x+2}dx$ と $\int_3^4 \dfrac{1}{x+2}dx$ を求めればいいよね。

$\int_3^4 \dfrac{1}{-x+2}dx$ と $\int_3^4 \dfrac{1}{x+2}dx$ だったら簡単だよね。

$\boxed{\int_3^4 \dfrac{1}{-x+2}dx}$ について

$(-x+2)'=-1$ より

$\int_3^4 \dfrac{1}{-x+2}dx$

$= -\int_3^4 \dfrac{-1}{-x+2}dx$ ◀ $-(-1)\,[=1]$ を掛けて分子を -1 にした

$= -\int_3^4 \dfrac{(-x+2)'}{-x+2}dx$ ◀ $-1=(-x+2)'$

$= -\Big[\log|-x+2|\Big]_3^4$ ◀ Point 2.1 を使った

$= -(\log|-2|-\log|-1|)$

$= -\log|-2|+\log|-1|$ ◀ 展開した

$= -\log 2 + \log 1$ ◀ $|-a|=a$（$a>0$ のとき）

$= \underline{-\log 2}$ ◀ $\log 1 = \underline{0}$

$\boxed{\int_3^4 \frac{1}{x+2}\,dx}$ について

$(x+2)'=1$ より

$\int_3^4 \dfrac{1}{x+2}\,dx$

$=\int_3^4 \dfrac{(x+2)'}{x+2}\,dx$ ◀ $1=(x+2)'$

$=\Big[\log|x+2|\Big]_3^4$ ◀ Point 2.1 を使った

$=\underline{\underline{\log 6 - \log 5}}$

[解答]

$\int_3^4 \dfrac{1}{-x^2+4}\,dx$

$=\int_3^4 \dfrac{1}{(-x+2)(x+2)}\,dx$ ◀ $-x^2+4$ を因数分解した

$=\int_3^4 \left(\dfrac{\frac{1}{4}}{-x+2}+\dfrac{\frac{1}{4}}{x+2}\right)dx$ ◀ 部分分数に分けた

$=-\dfrac{1}{4}\int_3^4 \dfrac{-1}{-x+2}\,dx+\dfrac{1}{4}\int_3^4 \dfrac{1}{x+2}\,dx$ ◀ $\dfrac{1}{4}$ を $\int$ の外に出した

$=-\dfrac{1}{4}\int_3^4 \dfrac{(-x+2)'}{-x+2}\,dx+\dfrac{1}{4}\int_3^4 \dfrac{(x+2)'}{x+2}\,dx$ ◀ $\dfrac{f'(x)}{f(x)}$ の形にした

$=-\dfrac{1}{4}\Big[\log|-x+2|\Big]_3^4+\dfrac{1}{4}\Big[\log|x+2|\Big]_3^4$ ◀ Point 2.1 を使った

$=-\dfrac{1}{4}\log 2+\dfrac{1}{4}(\log 6-\log 5)$ ◀ [考え方] 参照

$=-\dfrac{1}{4}\log 2+\dfrac{1}{4}\log 6-\dfrac{1}{4}\log 5$ ◀ 展開した

$=-\dfrac{1}{4}\log 2+\dfrac{1}{4}\log 2\cdot 3-\dfrac{1}{4}\log 5$ ◀ $6=2\cdot 3$

$$= -\frac{1}{4}\log 2 + \frac{1}{4}\log 2 + \frac{1}{4}\log 3 - \frac{1}{4}\log 5$$ ◀ $\log AB = \log A + \log B$

0になる!

$$= \frac{1}{4}\log 3 - \frac{1}{4}\log 5$$ ◀ 整理した

$$= \frac{1}{4}\log \frac{3}{5}$$ ◀ $\log A - \log B = \log \frac{A}{B}$ より

$\frac{1}{4}\log 3 - \frac{1}{4}\log 5 = \frac{1}{4}(\log 3 - \log 5) = \frac{1}{4}\log \frac{3}{5}$

[解説] 部分分数のつくり方について

まず,

$$\frac{1}{(ax+b)(cx+d)} \text{ は } \frac{A}{ax+b} + \frac{B}{cx+d} \text{ と変形できる}$$ ◀ 必ず覚えておくこと!

ので,

$$\frac{1}{(-x+2)(x+2)} \text{ は } \frac{A}{-x+2} + \frac{B}{x+2} \text{ と書き直せる。}$$

$$\frac{1}{(-x+2)(x+2)} = \frac{A}{-x+2} + \frac{B}{x+2} \quad \cdots\cdots (*) \text{ の A, B の求め方}$$

STEP1

A を求めるために, $(*)$ の両辺に $-x+2$ を掛ける。

▶ $(*) \to \dfrac{1}{x+2} = A + (-x+2)\cdot\dfrac{B}{x+2} \quad \cdots\cdots ①$ ◀ 両辺に $-x+2$ を掛けて Aの分母を払った

STEP2

Aを求めるために，①に $x=2$ を代入してBを消去する。

▶ ① → $\dfrac{1}{2+2} = A + \boxed{(-2+2)} \cdot \dfrac{B}{2+2}$ ◀ ①に $x=2$ を代入した

　　　　　　　　　　↑ここが0になる！

→ $\dfrac{1}{4} = A + 0 \cdot \dfrac{B}{4}$ ◀ Bの係数が0になった！

∴ $A = \dfrac{1}{4}$ ◀ Bが消えてAが求められた

STEP3

Bを求めるために，（*）の両辺に $x+2$ を掛ける。

▶ (*) → $\dfrac{1}{-x+2} = (x+2) \cdot \dfrac{A}{-x+2} + B$ …… ② ◀ 両辺に $x+2$ を掛けてBの分母を払った

STEP4

Bを求めるために，②に $x=-2$ を代入してAを消去する。

▶ ② → $\dfrac{1}{-(-2)+2} = \boxed{(-2+2)} \cdot \dfrac{A}{-(-2)+2} + B$ ◀ ②に $x=-2$ を代入した

　　　　　　　　　　　↑ここが0になる！

→ $\dfrac{1}{4} = 0 \cdot \dfrac{A}{4} + B$ ◀ Aの係数が0になった！

∴ $B = \dfrac{1}{4}$ ◀ Aが消えてBが求められた

以上より

$\dfrac{1}{(-x+2)(x+2)}$ は $\dfrac{\frac{1}{4}}{-x+2} + \dfrac{\frac{1}{4}}{x+2}$ と書き直せる。

$\int \frac{f'(x)}{f(x)} dx = \log f(x)$ 型の積分 PART-1

---練習問題 4 -----------------------------

$\int_0^1 \frac{7x+3}{x^2+3x+2} dx$ を求めよ。

---例題 12 -----------------------------

$\int_0^1 \frac{x^3-3}{x^2+3x+2} dx$ を求めよ。

[考え方]

この問題は まず，$\frac{x^3-3}{x^2+3x+2}$ を見た時点で
すぐに 次の **Point** を思い浮かべなければならない。

Point 2.2 〈数式の原則（分子の次数下げ）〉

$\frac{f(x)}{g(x)}$ において，

(分子の $f(x)$ の次数) $\geqq$ (分母の $g(x)$ の次数) ならば，

(分子の $f(x)$ の次数) $<$ (分母の $g(x)$ の次数) となるまで

分子の次数を下げよ!!

$\frac{x^3-3}{x^2+3x+2}$ の分子の x^3-3 [◀ 3次式] の次数は

分母の x^2+3x+2 [◀ 2次式] の次数よりも高くなっているよね。

だからまず，**数式の原則**（**Point 2.2**）を考え，
分子の次数を下げることから始めよう！

$$\begin{array}{r}x-3\\x^2+3x+2\overline{)x^3-3}\\\underline{x^3+3x^2+2x}\\-3x^2-2x-3\\\underline{-3x^2-9x-6}\\7x+3\end{array}$$ から

◀ 実際に x^3-3 を x^2+3x+2 で割った

$x^3-3=(x^2+3x+2)(x-3)+7x+3$ がいえるので

$$\frac{x^3-3}{x^2+3x+2}=x-3+\frac{7x+3}{x^2+3x+2}$$

◀ 両辺を x^2+3x+2 で割って $\dfrac{x^3-3}{x^2+3x+2}$ をつくった！

がいえるよね。

よって，

$$\int_0^1 \frac{x^3-3}{x^2+3x+2}\,dx$$

$$=\int_0^1\left(x-3+\frac{7x+3}{x^2+3x+2}\right)dx$$ ◀ Point 2.2

$$=\int_0^1(x-3)\,dx+\int_0^1\frac{7x+3}{x^2+3x+2}\,dx$$ ◀ $\int\{f(x)+g(x)\}dx=\int f(x)dx+\int g(x)dx$

がいえるので，

$\displaystyle\int_0^1\frac{x^3-3}{x^2+3x+2}\,dx$ を求めるためには

$\displaystyle\int_0^1(x-3)\,dx$ と $\displaystyle\int_0^1\frac{7x+3}{x^2+3x+2}\,dx$ を求めればいいよね。

$\boxed{\int_0^1 (x-3)dx}$ について

$\int_0^1 (x-3)dx$ は簡単だよね。

$\int_0^1 (x-3)dx = \left[\dfrac{x^2}{2} - 3x\right]_0^1$ ◀ $\int (x+a)^n dx = \dfrac{(x+a)^{n+1}}{n+1}$ を使って
$\int (x-3)dx = \dfrac{(x-3)^2}{2}$ としてもよい！

$= \dfrac{1}{2} - 3$

$= -\dfrac{5}{2}$ ◀ $\dfrac{1}{2} - \dfrac{6}{2}$

$\boxed{\int_0^1 \dfrac{7x+3}{x^2+3x+2} dx}$ について

これは既に **練習問題 4** で求めているよね。

このように，

分数型の積分において
(分子の次数) ≧ (分母の次数) の場合のほとんどが，
Point 2.2 により 分子の次数を下げることによって
今までの知識で解ける形に変えることができる んだ。

[解答]

$\int_0^1 \dfrac{x^3 - 3}{x^2+3x+2} dx$

$= \int_0^1 \left(x - 3 + \dfrac{7x+3}{x^2+3x+2}\right)dx$ ◀ [考え方]参照.

$= \int_0^1 (x-3)\,dx + \int_0^1 \dfrac{7x+3}{x^2+3x+2}\,dx$ ◀ $\int\{f(x)+g(x)\}dx = \int f(x)dx + \int g(x)dx$

$= \left[\dfrac{x^2}{2} - 3x\right]_0^1 + \int_0^1 \dfrac{7x+3}{(x+2)(x+1)}\,dx$ ◀ 分母を因数分解した

$$= \frac{1}{2} - 3 + \int_0^1 \left(\frac{11}{x+2} + \frac{-4}{x+1} \right) dx \quad \blacktriangleleft 部分分数に分けた [練習問題4(注)参照]$$

$$= -\frac{5}{2} + 11 \int_0^1 \frac{1}{x+2} dx - 4 \int_0^1 \frac{1}{x+1} dx$$

$$= -\frac{5}{2} + 11 \Big[\log|x+2| \Big]_0^1 - 4 \Big[\log|x+1| \Big]_0^1 \quad \blacktriangleleft Point 2.1 を使った$$

$$= -\frac{5}{2} + 11 \log 3 - 11 \log 2 - 4 \log 2 + 4 \log 1$$

$$= -\frac{5}{2} + 11 \log 3 - 15 \log 2 \quad \blacktriangleleft \log 1 = \underline{0}$$

例題 13

$\displaystyle \int \frac{x+1}{x(x+2)(x+3)} dx$ を求めよ。

[考え方]

まず,

$\displaystyle \frac{x+1}{x(x+2)(x+3)}$ は $\displaystyle \frac{\frac{1}{6}}{x} + \frac{\frac{1}{2}}{x+2} + \frac{-\frac{2}{3}}{x+3}$ と書き直せる ◀ [解説]を見よ!

ので,

与式は

$$\int \frac{x+1}{x(x+2)(x+3)} dx$$

$$= \int \left(\frac{\frac{1}{6}}{x} + \frac{\frac{1}{2}}{x+2} + \frac{-\frac{2}{3}}{x+3} \right) dx$$

$$= \frac{1}{6} \int \frac{1}{x} dx + \frac{1}{2} \int \frac{1}{x+2} dx - \frac{2}{3} \int \frac{1}{x+3} dx \quad \blacktriangleleft \frac{1}{6} と \frac{1}{2} と -\frac{2}{3} を \int の外に出した$$

と変形できる。

$\displaystyle \int \frac{1}{x} dx$ と $\displaystyle \int \frac{1}{x+2} dx$ と $\displaystyle \int \frac{1}{x+3} dx$ だったら簡単に求められるよね。

[解答]

$$\int \frac{x+1}{x(x+2)(x+3)}\,dx$$

$$=\int\left(\frac{\frac{1}{6}}{x}+\frac{\frac{1}{2}}{x+2}+\frac{-\frac{2}{3}}{x+3}\right)dx \quad \blacktriangleleft [解説]を見よ！$$

$$=\frac{1}{6}\int\frac{1}{x}\,dx+\frac{1}{2}\int\frac{1}{x+2}\,dx-\frac{2}{3}\int\frac{1}{x+3}\,dx$$

$$=\frac{1}{6}\int\frac{x'}{x}\,dx+\frac{1}{2}\int\frac{(x+2)'}{x+2}\,dx-\frac{2}{3}\int\frac{(x+3)'}{x+3}\,dx \quad \blacktriangleleft (x+A)'=1$$

$$=\frac{1}{6}\log|x|+\frac{1}{2}\log|x+2|-\frac{2}{3}\log|x+3| \quad \blacktriangleleft Point\ 2.1\ を使った$$

[解説] 部分分数のつくり方について

まず，

$$\frac{x+1}{x(x+2)(x+3)} は \frac{A}{x}+\frac{B}{x+2}+\frac{C}{x+3} と書き直すことができる。$$

$$\frac{x+1}{x(x+2)(x+3)}=\frac{A}{x}+\frac{B}{x+2}+\frac{C}{x+3} \cdots\cdots (*) \text{ の A, B, C の求め方}$$

STEP1

A を求めるために，(*) の両辺に x を掛ける。

▶ $(*) \to \dfrac{x+1}{(x+2)(x+3)}=A+x\cdot\dfrac{B}{x+2}+x\cdot\dfrac{C}{x+3} \cdots\cdots ①$ ◀ 両辺にxを掛けて Aの分母を払った

STEP2

Aを求めるために，①に $x=0$ を代入してB, Cを消去する。

▶① → $\dfrac{0+1}{(0+2)(0+3)} = A + 0\cdot\dfrac{B}{0+2} + 0\cdot\dfrac{C}{0+3}$ ◀①に $x=0$ を代入した

→ $\dfrac{1}{6} = A + 0\cdot\dfrac{B}{2} + 0\cdot\dfrac{C}{3}$ ◀BとCの係数が0になった！

∴ $A = \dfrac{1}{6}$ ◀BとCが消えてAが求められた

STEP3

Bを求めるために，(*)の両辺に $x+2$ を掛ける。

▶(*) → $\dfrac{x+1}{x(x+3)} = (x+2)\cdot\dfrac{A}{x} + B + (x+2)\cdot\dfrac{C}{x+3}$ ……② ◀両辺に $x+2$ を掛けてBの分母を払った

STEP4

Bを求めるために，②に $x=-2$ を代入してA, Cを消去する。

▶② → $\dfrac{-2+1}{-2(-2+3)} = \boxed{(-2+2)}\cdot\dfrac{A}{-2} + B + \boxed{(-2+2)}\cdot\dfrac{C}{-2+3}$ ◀②に $x=-2$ を代入した

↑ここが0になる！ ↑ここが0になる！

→ $\dfrac{1}{2} = 0\cdot\dfrac{A}{-2} + B + 0\cdot\dfrac{C}{1}$ ◀AとCの係数が0になった！

∴ $B = \dfrac{1}{2}$ ◀AとCが消えてBが求められた

STEP5

Cを求めるために，(*)の両辺に $x+3$ を掛ける。

▶(*) → $\dfrac{x+1}{x(x+2)} = (x+3)\cdot\dfrac{A}{x} + (x+3)\cdot\dfrac{B}{x+2} + C$ ……③ ◀両辺に $x+3$ を掛けてCの分母を払った

$$\int \frac{f'(x)}{f(x)} dx = \log f(x) \text{ 型の積分 PART-1}$$

STEP 6

Cを求めるために，③に $x=-3$ を代入してA，Bを消去する。

▶③ → $\dfrac{-3+1}{-3(-3+2)} = \boxed{(-3+3)} \cdot \dfrac{A}{-3} + \boxed{(-3+3)} \cdot \dfrac{B}{-3+2} + C$ ◀ ③に $x=-3$ を代入した

　　　　　　　　　　　↑ここが0になる！　　↑ここが0になる！

→ $-\dfrac{2}{3} = 0 \cdot \dfrac{A}{-3} + 0 \cdot \dfrac{B}{-1} + C$　◀AとBの係数が0になった！

∴ $C = -\dfrac{2}{3}$　◀AとBが消えてCが求められた

以上より

$\dfrac{x+1}{x(x+2)(x+3)}$ は $\dfrac{\frac{1}{6}}{x} + \dfrac{\frac{1}{2}}{x+2} + \dfrac{-\frac{2}{3}}{x+3}$ と書き直せる。

例題14

$\displaystyle\int \dfrac{3}{(x-1)(x+2)^2} dx$ を求めよ。

[考え方]

まず，

$\dfrac{3}{(x-1)(x+2)^2}$ は $\dfrac{\frac{1}{3}}{x-1} + \dfrac{-\frac{1}{3}}{x+2} + \dfrac{-1}{(x+2)^2}$ と書き直せる　◀[解説]を見よ！

ので，
与式は

$\displaystyle\int \dfrac{3}{(x-1)(x+2)^2} dx$

$= \displaystyle\int \left(\dfrac{\frac{1}{3}}{x-1} + \dfrac{-\frac{1}{3}}{x+2} + \dfrac{-1}{(x+2)^2} \right) dx$

$= \dfrac{1}{3}\displaystyle\int \dfrac{1}{x-1} dx - \dfrac{1}{3}\displaystyle\int \dfrac{1}{x+2} dx - \displaystyle\int \dfrac{1}{(x+2)^2} dx$　◀ $\dfrac{1}{3}$ と $-\dfrac{1}{3}$ と -1 を $\int$ の外に出した

と変形できるよね。

よって，$\int \dfrac{3}{(x-1)(x+2)^2} dx$ を求めるためには

$\int \dfrac{1}{x-1} dx$ と $\int \dfrac{1}{x+2} dx$ と $\int \dfrac{1}{(x+2)^2} dx$ を求めればいいよね。

$\int \dfrac{1}{x-1} dx$ と $\int \dfrac{1}{x+2} dx$ については

$\int \dfrac{(x-1)'}{x-1} dx$ や $\int \dfrac{(x+2)'}{x+2} dx$ のように書き直すことができるので

Point 2.1 が使えるよね。 ◀ $\int \dfrac{(x-1)'}{x-1}dx$ と $\int \dfrac{(x+2)'}{x+2}dx$ は $\int \dfrac{f'(x)}{f(x)}dx$ の形だから！

次に $\int \dfrac{1}{(x+2)^2} dx$ について考えてみよう。

これを今までのようにやると

$\{(x+2)^2\}' = 2(x+2)$ を考え，

$\int \dfrac{1}{(x+2)^2} dx = \int \dfrac{1}{2(x+2)} \cdot \dfrac{2(x+2)}{(x+2)^2} dx$

$= \int \dfrac{1}{2(x+2)} \cdot \boxed{\dfrac{\{(x+2)^2\}'}{(x+2)^2}} dx \cdots\cdots (*)$

$= ??$

↖ $\dfrac{f'(x)}{f(x)}$ の形をつくった！

のようになるけれど，

$(*)$ は，例題 11（P.33）と同様に

$\int \dfrac{f'(x)}{f(x)} dx$ の形になっていないから ◀ $(*)$ は $\dfrac{f'(x)}{f(x)} \left[= \dfrac{\{(x+2)^2\}'}{(x+2)^2} \right]$ に $\dfrac{1}{2(x+2)}$（変数）が掛けてある！

Point 2.1 の公式は使えないよね。

そこで，別の解法を考えよう。

$\int \frac{f'(x)}{f(x)} dx = \log f(x)$ 型の積分 PART-1

一般に $\int \frac{1}{(x+A)^n} dx \ [n \neq 1]$ は次のように簡単に求めることができる！

$\boxed{\int \frac{1}{(x+2)^2} dx \text{ は } \int (x+2)^{-2} dx \text{ と書き直すことができる}}$ ◀ $\frac{1}{(x+A)^n} = (x+A)^{-n}$

ので,

$\int \frac{1}{(x+2)^2} dx = \int (x+2)^{-2} dx$

$= \frac{1}{-2+1}(x+2)^{-2+1}$ ◀ $\int (x+a)^n dx = \frac{1}{n+1}(x+a)^{n+1}$ [ただし, $n \neq -1$]

$= -(x+2)^{-1}$

$= -\frac{1}{x+2}$ のように簡単に求められる。 ◀ $(x+A)^{-1} = \frac{1}{x+A}$

[解答]

$\int \frac{3}{(x-1)(x+2)^2} dx$

$= \int \left(\frac{\frac{1}{3}}{x-1} + \frac{-\frac{1}{3}}{x+2} + \frac{-1}{(x+2)^2} \right) dx$ ◀ [解説]を見よ！

$= \frac{1}{3} \int \frac{1}{x-1} dx - \frac{1}{3} \int \frac{1}{x+2} dx - \int \frac{1}{(x+2)^2} dx$

$= \frac{1}{3} \int \frac{(x-1)'}{x-1} dx - \frac{1}{3} \int \frac{(x+2)'}{x+2} dx - \int (x+2)^{-2} dx$ ◀ [考え方]参照.

$= \frac{1}{3} \log|x-1| - \frac{1}{3} \log|x+2| - \frac{(x+2)^{-1}}{-1}$ ◀ Point 2.1, $\int (x+A)^n dx = \frac{1}{n+1}(x+A)^{n+1}$

$= \frac{1}{3} \log|x-1| - \frac{1}{3} \log|x+2| + \frac{1}{x+2}$ ◀ $(x+A)^{-n} = \frac{1}{(x+A)^n}$

[解説] 部分分数のつくり方について

まず，

$$\frac{1}{(x+a)(x+b)^2} \text{ は } \frac{A}{x+a}+\frac{B}{x+b}+\frac{C}{(x+b)^2} \text{ と変形できる}$$

ので， ◀ 必ず覚えておくこと！

$\dfrac{3}{(x-1)(x+2)^2}$ は $\dfrac{A}{x-1}+\dfrac{B}{x+2}+\dfrac{C}{(x+2)^2}$ と書き直せる。

[参考]

$$\frac{1}{(x-1)(x+2)^2}=\frac{a}{x-1}+\frac{bx+c}{(x+2)^2}$$ ◀これが一般的な部分分数の分け方

$$=\frac{a}{x-1}+\frac{b(x+2)-2b+c}{(x+2)^2}$$ ◀ $bx+c$ から強引に $(x+2)$ をつくった！

$$=\frac{a}{x-1}+\frac{b(x+2)}{(x+2)^2}+\frac{-2b+c}{(x+2)^2}$$ ◀ $\dfrac{A+B}{(x+2)^2}=\dfrac{A}{(x+2)^2}+\dfrac{B}{(x+2)^2}$

$$=\frac{a}{x-1}+\frac{b}{x+2}+\frac{-2b+c}{(x+2)^2}$$ ◀分母分子の $(x+2)$ を約分した！

さらに，
$a=A,\ b=B,\ -2b+c=C$ とおくと ◀式を見やすくする！

$$\frac{1}{(x-1)(x+2)^2}=\frac{A}{x-1}+\frac{B}{x+2}+\frac{C}{(x+2)^2}$$

が得られる。

$$\frac{3}{(x-1)(x+2)^2}=\frac{A}{x-1}+\frac{B}{x+2}+\frac{C}{(x+2)^2} \cdots\cdots(*) \text{ の A, B, C の求め方}$$

STEP1

Aを求めるために，$(*)$ の両辺に $x-1$ を掛ける。

▶ $(*) \Rightarrow \dfrac{3}{(x+2)^2}=A+(x-1)\cdot\dfrac{B}{x+2}+(x-1)\cdot\dfrac{C}{(x+2)^2} \cdots\cdots$ ①

STEP2

Aを求めるために，①に $x=1$ を代入してB，Cを消去する。

▶ ① $\Rightarrow \dfrac{3}{(1+2)^2}=A+\boxed{(1-1)}\cdot\dfrac{B}{1+2}+\boxed{(1-1)}\cdot\dfrac{C}{(1+2)^2}$ ◀①にx=1を代入した

　　　　　　　　　　　↑ここが0になる！ 　↑ここが0になる！

$\Rightarrow \dfrac{3}{9}=A+0\cdot\dfrac{B}{3}+0\cdot\dfrac{C}{9}$ ◀BとCの係数が0になった！

∴ $A=\dfrac{1}{3}$ ◀BとCが消えてAが求められた

STEP3

Cを求めるために，$(*)$ の両辺に $(x+2)^2$ を掛ける。

▶ $(*) \Rightarrow \dfrac{3}{x-1}=(x+2)^2\cdot\dfrac{A}{x-1}+(x+2)\cdot B+C \cdots\cdots$ ② ◀両辺に$(x+2)^2$を掛けてCの分母を払った

STEP 4　Cを求めるために，②に $x=-2$ を代入してA, Bを消去する．

▶② → $\dfrac{3}{-2-1} = \boxed{(-2+2)^2} \cdot \dfrac{A}{-2-1} + \boxed{(-2+2)} \cdot B + C$　◀②に$x=-2$を代入した

　　　　　　　↑ここが0になる！　　　　↑ここが0になる！

→ $-1 = 0 \cdot \dfrac{A}{-3} + 0 \cdot B + C$　◀AとBの係数が0になった！

∴ $\underline{C = -1}$　◀AとBが消えてCが求められた

（注）

　Bを求めるときに，次のように
(＊)の両辺に $(x+2)$ を掛けて $x=-2$ を代入する人がいるだろう．

(＊) → $\dfrac{3}{(x-1)(x+2)} = (x+2) \cdot \dfrac{A}{x-1} + B + \dfrac{C}{(x+2)}$　◀$x+2$を掛けた

→ $\dfrac{3}{(-2-1)(-2+2)} = (-2+2) \cdot \dfrac{A}{-2-1} + B + \dfrac{C}{-2+2}$　◀$x=-2$を代入した

→ $\dfrac{3}{-3 \cdot 0} = 0 \cdot \dfrac{A}{-3} + B + \dfrac{C}{0}$　◀分母が0になってしまった！！

しかし，そのようにやると，上のように
分母が0になってしまうのでマズイよね．
つまり，
分母に2乗がある場合は今までの解法ではうまくいかない
ものがあるんだけれど，そういうときには
発想を転換して次のように考えればよい．

$\int \frac{f'(x)}{f(x)}dx = \log f(x)$ 型の積分 PART-1　51

まず，

$A = \frac{1}{3}$ と $C = -1$ を求めているので

(＊)は ◀ $\frac{3}{(x-1)(x+2)^2} = \frac{A}{x-1} + \frac{B}{x+2} + \frac{C}{(x+2)^2}$ …… (＊)

$\frac{3}{(x-1)(x+2)^2} = \frac{\frac{1}{3}}{x-1} + \frac{B}{x+2} + \frac{-1}{(x+2)^2}$ …… (＊)′ ◀ $A=\frac{1}{3}$ と $C=-1$ を代入した

と書ける。

(＊)′ から B を求めるときには，普通は
(＊)′ の右辺の分母をそろえて分子を展開して係数比較をすることに
よって B を求めるんだ。
だけど計算が面倒くさそうだよね。

つまり，(＊)′ の式のままだと考えにくいので

(＊)′ に適当な x の値を代入して
(＊)′ の式を もっと簡単にしてから B を求めよう。

STEP5

B についての式をつくるために (例えば)
(＊)′ に $x = -1$ を代入する。 ◀ 分母が 0 になるもの [$x=1$ と $x=-2$] 以外なら何を代入してもよい！

▶ (＊)′ → $\frac{3}{(-1-1)(-1+2)^2} = \frac{\frac{1}{3}}{-1-1} + \frac{B}{-1+2} + \frac{-1}{(-1+2)^2}$ ◀ (＊)に $x=-1$ を代入した

→ $\frac{3}{(-2)1^2} = \frac{\frac{1}{3}}{-2} + \frac{B}{1} + \frac{-1}{1^2}$

→ $-\frac{3}{2} = -\frac{1}{6} + B - 1$ ◀ $\frac{\frac{1}{3}}{-2} = \frac{1}{-6}$ [分母分子に 3 を掛けた]

∴ $B = -\frac{1}{3}$ ◀ $B = \frac{1}{6} + 1 - \frac{3}{2} = \frac{1}{6} + \frac{6}{6} - \frac{9}{6} = -\frac{2}{6} = -\frac{1}{3}$

以上より

$\dfrac{3}{(x-1)(x+2)^2}$ は $\dfrac{\frac{1}{3}}{x-1} + \dfrac{-\frac{1}{3}}{x+2} + \dfrac{-1}{(x+2)^2}$ と書き直せる。

例題 15

$\displaystyle\int \dfrac{1}{(x-1)\sqrt{x+1}}\,dx$ を求めよ。

[考え方]

まず，

$\displaystyle\int \dfrac{1}{(x-1)\sqrt{x+1}}\,dx$ の形のままでは（分母に $\sqrt{}$ が入っていたりして）今までの形とは違うので，よく分からないよね。

だけど，もしも

$\displaystyle\int \dfrac{1}{(x-1)\sqrt{x+1}}\,dx$ が $\displaystyle\int \dfrac{1}{(x-1)x}\,dx$ だったら，

$\dfrac{1}{(x-1)x}$ を部分分数に分けることができるから解けそうだよね。

そこで，

$\sqrt{x+1}$ を x の形にしたいので $\sqrt{x+1}=t$ とおこう。

ここで

$\sqrt{x+1}=t$ の両辺を x で微分する と　◀ dx と dt の関係式を求める

$$\int \frac{f'(x)}{f(x)}dx = \log f(x) \text{ 型の積分 PART-1}$$

$(\sqrt{x+1})' = \dfrac{dt}{dx}$ ◀ $\sqrt{x+1}=t$ の両辺を x で微分した

$\Leftrightarrow \{(x+1)^{\frac{1}{2}}\}' = \dfrac{dt}{dx}$ ◀ $\sqrt{A}=A^{\frac{1}{2}}$

$\Leftrightarrow \dfrac{1}{2}(x+1)^{-\frac{1}{2}} = \dfrac{dt}{dx}$ ◀ $\{(x+a)^n\}' = n(x+a)^{n-1}$

$\Leftrightarrow \dfrac{1}{2}\cdot\dfrac{1}{\sqrt{x+1}} = \dfrac{dt}{dx}$ ◀ $(x+1)^{-\frac{1}{2}} = \dfrac{1}{(x+1)^{\frac{1}{2}}} = \dfrac{1}{\sqrt{x+1}}$

$\Leftrightarrow dx = 2\sqrt{x+1}\,dt$ ◀ dx について解いた

$\Leftrightarrow dx = 2t\,dt$ がいえるので、 ◀ $\sqrt{x+1}=t$ を代入して t だけの式にした！

$\displaystyle\int \dfrac{1}{(x-1)\sqrt{x+1}}\,dx$

$= \displaystyle\int \dfrac{1}{(t^2-2)t}\cdot 2t\,dt$ ◀ $\sqrt{x+1}=t \Rightarrow x+1=t^2 \Rightarrow x-1=t^2-2$

$= \displaystyle\int \dfrac{2}{t^2-2}\,dt$ ◀ 分母分子の t を約分した

$= 2\displaystyle\int \dfrac{1}{t^2-2}\,dt$ が得られる。 ◀ 2を $\int$ の外に出した

$\displaystyle\int \dfrac{1}{t^2-2}\,dt$ だったら、

$\displaystyle\int \dfrac{1}{t^2-2}\,dt$

$= \displaystyle\int \dfrac{1}{(t-\sqrt{2})(t+\sqrt{2})}\,dt$ ◀ 因数分解した

$= \displaystyle\int \left(\dfrac{1}{2\sqrt{2}}\cdot\dfrac{1}{t-\sqrt{2}} - \dfrac{1}{2\sqrt{2}}\cdot\dfrac{1}{t+\sqrt{2}}\right)dt$ ◀ 部分分数に分けた [(注)を見よ]

$= \dfrac{1}{2\sqrt{2}}\displaystyle\int \dfrac{1}{t-\sqrt{2}}\,dt - \dfrac{1}{2\sqrt{2}}\displaystyle\int \dfrac{1}{t+\sqrt{2}}\,dt$ のように

部分分数に分解できるので簡単に解けそうだよね。

[解答]

$\displaystyle\int \frac{1}{(x-1)\sqrt{x+1}}\,dx$ において

$\boxed{\sqrt{x+1}=t \text{ とおく}}$ と ◀ $\sqrt{x+1}=t \Rightarrow x+1=t^2 \Rightarrow x-1=t^2-2$

$\dfrac{1}{2}\cdot\dfrac{1}{\sqrt{x+1}} = \dfrac{dt}{dx}$ ◀ $\sqrt{x+1}=t$ の両辺を x で微分した（[考え方]参照）

$\Leftrightarrow dx = 2t\,dt$ がいえるので， ◀ dx について解いた [$\sqrt{x+1}=t$]

$\displaystyle\int \frac{1}{(x-1)\sqrt{x+1}}\,dx$

$=\displaystyle\int \frac{1}{(t^2-2)t}\cdot 2t\,dt$ ◀ $x-1=t^2-2$ と $\sqrt{x+1}=t$ と $dx=2t\,dt$ を代入した

$=2\displaystyle\int \frac{1}{t^2-2}\,dt$ ◀ 分母分子の t を約分した

$=2\displaystyle\int \frac{1}{(t-\sqrt{2})(t+\sqrt{2})}\,dt$ ◀ 分母を因数分解した

$=\dfrac{1}{\sqrt{2}}\displaystyle\int \frac{1}{t-\sqrt{2}}\,dt - \dfrac{1}{\sqrt{2}}\displaystyle\int \frac{1}{t+\sqrt{2}}\,dt$ ◀ 部分分数に分けた [((注))を見よ]

$=\dfrac{1}{\sqrt{2}}\displaystyle\int \frac{(t-\sqrt{2})'}{t-\sqrt{2}}\,dt - \dfrac{1}{\sqrt{2}}\displaystyle\int \frac{(t+\sqrt{2})'}{t+\sqrt{2}}\,dt$ ◀ $(t+A)'=1$

$=\dfrac{1}{\sqrt{2}}\log|t-\sqrt{2}| - \dfrac{1}{\sqrt{2}}\log|t+\sqrt{2}|$ ◀ Point 2.1 を使った

$=\dfrac{1}{\sqrt{2}}(\log|t-\sqrt{2}| - \log|t+\sqrt{2}|)$ ◀ $\dfrac{1}{\sqrt{2}}$ でくくった

$=\dfrac{1}{\sqrt{2}}\log\left|\dfrac{t-\sqrt{2}}{t+\sqrt{2}}\right|$ ◀ $\log A - \log B = \log\dfrac{A}{B}$

$=\dfrac{1}{\sqrt{2}}\log\left|\dfrac{t-\sqrt{2}}{t+\sqrt{2}}\right|$ ◀ $\dfrac{|A|}{|B|}=\left|\dfrac{A}{B}\right|$ （絶対値の公式）

$=\dfrac{1}{\sqrt{2}}\log\left|\dfrac{\sqrt{x+1}-\sqrt{2}}{\sqrt{x+1}+\sqrt{2}}\right|$ ◀ $t=\sqrt{x+1}$ を代入して x の式に書き直した！

$\int \dfrac{f'(x)}{f(x)}dx = \log f(x)$ 型の積分 PART-1

(注) $\boxed{\dfrac{1}{(t-\sqrt{2})(t+\sqrt{2})} = \dfrac{A}{t-\sqrt{2}} + \dfrac{B}{t+\sqrt{2}} \cdots\cdots (*)}$ の A, B の求め方

$\boxed{(*)に\ t-\sqrt{2}\ を掛ける}$ と， ◀Aの分母を払う！

$(*) \Rightarrow \dfrac{1}{t+\sqrt{2}} = A + (t-\sqrt{2})\cdot\dfrac{B}{t+\sqrt{2}} \cdots\cdots ①$

$\boxed{①に\ t=\sqrt{2}\ を代入する}$ と， ◀Bを消去する

$① \Rightarrow \dfrac{1}{\sqrt{2}+\sqrt{2}} = A + \boxed{(\sqrt{2}-\sqrt{2})}\cdot\dfrac{B}{\sqrt{2}+\sqrt{2}}$
　　　　　　　　　　　↑ここが0になる！

$\Rightarrow \dfrac{1}{2\sqrt{2}} = A + 0\cdot\dfrac{B}{2\sqrt{2}}$ ◀Bの係数が0になった！

$\therefore A = \underline{\dfrac{1}{2\sqrt{2}}}$ ◀Bが消えてAが求められた

$\boxed{(*)に\ t+\sqrt{2}\ を掛ける}$ と， ◀Bの分母を払う！

$(*) \Rightarrow \dfrac{1}{t-\sqrt{2}} = (t+\sqrt{2})\cdot\dfrac{A}{t-\sqrt{2}} + B \cdots\cdots ②$

$\boxed{②に\ t=-\sqrt{2}\ を代入する}$ と， ◀Aを消去する

$② \Rightarrow \dfrac{1}{-\sqrt{2}-\sqrt{2}} = \boxed{(-\sqrt{2}+\sqrt{2})}\cdot\dfrac{A}{-\sqrt{2}-\sqrt{2}} + B$
　　　　　　　　　　　↑ここが0になる！

$\Rightarrow -\dfrac{1}{2\sqrt{2}} = 0\cdot\dfrac{A}{-2\sqrt{2}} + B$ ◀Aの係数が0になった！

$\therefore B = \underline{-\dfrac{1}{2\sqrt{2}}}$ ◀Aが消えてBが求められた

以上より

$\underline{\dfrac{1}{(t-\sqrt{2})(t+\sqrt{2})}}$ は $\dfrac{\frac{1}{2\sqrt{2}}}{t-\sqrt{2}} + \dfrac{-\frac{1}{2\sqrt{2}}}{t+\sqrt{2}}$ と書き直せる。

[別解について]

とりあえず，
$\sqrt{x+1}=t$ という置き換えによって解くことができたけれど，
文字の置き換えのやり方は 特に1つに決まっているわけではないので
$x+1=t$ という置き換えをした人も きっといるだろう。
そこで，ここでは
$x+1=t$ とおくとどうなるのか，について考えてみよう。

[別解]

$\boxed{x+1=t \text{とおく}}$ と ◀ $\begin{cases} x+1=t \Rightarrow x-1=t-2 \\ x+1=t \Rightarrow \sqrt{x+1}=\sqrt{t} \end{cases}$

$1 = \dfrac{dt}{dx}$ ◀ dxとdtの関係式を求めるために $x+1=t$ の両辺をxで微分した

$\Leftrightarrow dx = dt$ がいえるので， ◀ dxについて解いた

$\displaystyle\int \dfrac{1}{(x-1)\sqrt{x+1}} dx$

$= \displaystyle\int \dfrac{1}{(t-2)\sqrt{t}} dt$ ◀ $x-1=t-2$ と $\sqrt{x+1}=\sqrt{t}$ と $dx=dt$ を代入した

[考え方]

$\displaystyle\int \dfrac{1}{(t-2)\sqrt{t}} dt$ の形のままでは よく分からないよね。

だけど，もしも

$\displaystyle\int \dfrac{1}{(t-2)\sqrt{t}} dt$ が $\displaystyle\int \dfrac{1}{(t-2)t} dt$ だったら，

$\dfrac{1}{(t-2)t}$ は部分分数に分けることができるから 解けそうだよね。

そこで，
$\boxed{\sqrt{t} \text{を} t \text{の形にしたいので} \sqrt{t}=X \text{とおこう。}}$

ここで，

$\boxed{\sqrt{t}=X \text{ とおく}}$ と ◀ $\sqrt{t}=X$ ➡ $t=X^2$ ➡ $t-2=X^2-2$

$(\sqrt{t})'=\dfrac{dX}{dt}$ ◀ $\sqrt{t}=X$ の両辺を t で微分した

$\Leftrightarrow \dfrac{1}{2}t^{-\frac{1}{2}}=\dfrac{dX}{dt}$ ◀ $(\sqrt{t})'=(t^{\frac{1}{2}})'=\dfrac{1}{2}\cdot t^{\frac{1}{2}-1}=\dfrac{1}{2}t^{-\frac{1}{2}}$

$\Leftrightarrow \dfrac{1}{2}\cdot\dfrac{1}{\sqrt{t}}=\dfrac{dX}{dt}$ ◀ $t^{-\frac{1}{2}}=\dfrac{1}{t^{\frac{1}{2}}}=\dfrac{1}{\sqrt{t}}$

$\Leftrightarrow dt=2\sqrt{t}\,dX$ ◀ dt について解いた

$\Leftrightarrow dt=2X\,dX$ ◀ $\sqrt{t}=X$ を代入して X だけの式にした！

がいえるので，

$\displaystyle\int\dfrac{1}{(t-2)\sqrt{t}}\,dt$

$=\displaystyle\int\dfrac{1}{(X^2-2)X}\cdot 2X\,dX$ ◀ $t-2=X^2-2$ と $\sqrt{t}=X$ と $dt=2X\,dX$ を代入した

$=2\displaystyle\int\dfrac{1}{X^2-2}\,dX$ ◀ 分母分子の X を約分した

▶ $2\displaystyle\int\dfrac{1}{X^2-2}\,dX$ は [解答] と全く同じ式なので

あとは [解答] と同じ。

[Comment]

[別解] の $x+1=t$ という置き換えでは

$\displaystyle\int\dfrac{1}{(t-2)\sqrt{t}}\,dt$ という形の積分が出てきてしまったので，さらに

$\sqrt{t}=X$ という置き換えをしなければ求めることができなかったね。
だけど，[解答] の $\sqrt{x+1}=t$ という置き換えでは
1回の置き換えだけで求めることができたよね。

つまり，[別解] のように，$x+1$ を t とおく解法よりも，
[解答] のように，($x+1$ だけではなく)
さらに $\sqrt{}$ も含めた $\sqrt{x+1}$ を t とおく解法の方がうまくいった，

ということになるよね。

これらの例からも分かるのだが，置換積分においては，文字を大きい塊で置き換えた方がうまくいく（ことが多い）という経験則があるので，これも頭に入れておこう。

練習問題 5

(1) $\int_1^4 \dfrac{x}{2\sqrt{x-1}}\,dx$ を求めよ。

(2) $\int_0^1 \dfrac{x^3+2x}{x^2+1}\,dx$ を求めよ。

例題 16

$\int_0^{\frac{\pi}{4}} \tan x\,dx$ を求めよ。

[考え方]

いきなり $\tan x$ を積分しろ，といわれてもよく分からないよね。だけど，

$\tan x$ は $\dfrac{\sin x}{\cos x}$ と書き直せる から，$\tan x$ のかわりに

$\dfrac{\sin x}{\cos x}$ の積分について考えてもいいよね。 ◀ tanxよりは $\dfrac{\sin x}{\cos x}$ の方が考えやすそう！

$\dfrac{\sin x}{\cos x}$ の積分だったら分かるでしょ？

だって，$(\cos x)' = -\sin x$ だから

$\dfrac{\sin x}{\cos x}$ は $\dfrac{f'(x)}{f(x)}$ に近い形をしているよね。

そこで，

$\dfrac{\sin x}{\cos x}$ を $\dfrac{f'(x)}{f(x)}$ の形に書き直してみよう。

$(\cos x)' = -\sin x$ より，

分子が $-\sin x$ だったら $\dfrac{\sin x}{\cos x}$ は $\dfrac{f'(x)}{f(x)}$ の形になるよね。

だから，

$\boxed{\dfrac{\sin x}{\cos x} \text{ を } (-1)\cdot\dfrac{-\sin x}{\cos x} \text{ と書き直せばいい}}$ よね。　◀ $\sin x = -(-\sin x)$

[解答]

$\displaystyle\int_0^{\frac{\pi}{4}} \tan x \, dx$

$= \displaystyle\int_0^{\frac{\pi}{4}} \dfrac{\sin x}{\cos x} dx$　◀ $\tan x = \dfrac{\sin x}{\cos x}$

$= -\displaystyle\int_0^{\frac{\pi}{4}} \dfrac{-\sin x}{\cos x} dx$　◀ $-(-1)[=1]$ を掛けて 分子を $-\sin x$ にした！

$= -\displaystyle\int_0^{\frac{\pi}{4}} \dfrac{(\cos x)'}{\cos x} dx$　◀ $(\cos x)' = -\sin x$

$= -\Big[\log|\cos x|\Big]_0^{\frac{\pi}{4}}$　◀ Point 2.1 を使った

$= -\left(\log\left|\cos\dfrac{\pi}{4}\right| - \log|\cos 0|\right)$

$= -\log\left|\cos\dfrac{\pi}{4}\right| + \log|\cos 0|$　◀ 展開した

$= -\log\dfrac{1}{\sqrt{2}} + \log 1$　◀ $\cos\dfrac{\pi}{4} = \dfrac{1}{\sqrt{2}}$, $\cos 0 = 1$

$= -\log\dfrac{1}{\sqrt{2}}$　◀ $\log 1 = 0$

$= -(\log 1 - \log\sqrt{2})$　◀ $\log A - \log B = \log\dfrac{A}{B}$

$= -\log 1 + \log\sqrt{2}$　◀ 展開した

$= \underline{\log\sqrt{2}}$　◀ $\log 1 = 0$

─ 例題 17 ─────────────────────
$\int_{\frac{\pi}{4}}^{\frac{\pi}{2}} \frac{1}{\sin x} dx$ を求めよ。

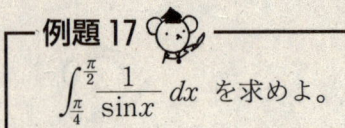

[考え方]

まず，今までの知識で $\int_{\frac{\pi}{4}}^{\frac{\pi}{2}} \frac{1}{\sin x} dx$ を求めるのは

無理そうだよね。
だから，何か式変形をしなければ解けそうにないよね。
そこで，

$\frac{1}{\sin x}$ の式変形について考えよう。

$\frac{1}{\sin x}$ の式変形については

どうやればいいのかよく分からない人も多いと思うけれど，実は

$\boxed{\frac{1}{\sin x} に \frac{\sin x}{\sin x} を掛ければうまくいく}$ のである。

なぜ $\frac{\sin x}{\sin x}$ を掛ければうまくいくのか，については

後で説明するとして

とりあえず $\frac{1}{\sin x}$ に $\frac{\sin x}{\sin x}$ を掛けてみよう。

すると，

$\frac{1}{\sin x} = \frac{1}{\sin x} \cdot \frac{\sin x}{\sin x}$ ◀ $\frac{\sin x}{\sin x}$ [=1] を掛けた！

$= \frac{\sin x}{\sin^2 x}$ がいえ，

さらに，

$\boxed{\sin^2 x は \sin^2 x + \cos^2 x = 1 \text{ より} \\ \sin^2 x = 1 - \cos^2 x \text{ と書き直すことができる}}$ ので

$\dfrac{\sin x}{\sin^2 x} = \dfrac{\sin x}{1-\cos^2 x}$ がいえるよね。

$\dfrac{\sin x}{1-\cos^2 x}$ だったらなんとか解けそうだね。

だって,
分母の $1-\cos^2 x$ は $1^2-\cos^2 x$ と書き直せるので ◀ a^2-b^2 の形!
$a^2-b^2=(a-b)(a+b)$ の公式を使って因数分解できるよね。

さらに,
分母が因数分解できれば 部分分数に分けることができる！

このように,

$\sin^2 x$ や $\cos^2 x$ は $\sin^2 x+\cos^2 x=1$ を使うことによって
$1-\cos^2 x\,[=(1-\cos x)(1+\cos x)]$ や $1-\sin^2 x\,[=(1-\sin x)(1+\sin x)]$
のように因数分解できる式に変形することができるので,
分母に $\sin^2 x$ や $\cos^2 x$ があれば 非常に都合がいいのである。

だから,
$\dfrac{1}{\sin x}$ の分母を $\sin^2 x$ にするために $\dfrac{\sin x}{\sin x}\,[=1]$ を掛けたんだ。

以上より,

$\dfrac{1}{\sin x} = \dfrac{1}{\sin x} \cdot \dfrac{\sin x}{\sin x}$ ◀ $\dfrac{\sin x}{\sin x}\,[=1]$ を掛けた！

$= \dfrac{\sin x}{\sin^2 x}$

$= \dfrac{\sin x}{1-\cos^2 x}$ ◀ $\sin^2 x = 1-\cos^2 x$

$= \dfrac{\sin x}{(1-\cos x)(1+\cos x)}$ ◀ $a^2-b^2=(a-b)(a+b)$

を考え,

$\displaystyle\int_{\frac{\pi}{4}}^{\frac{\pi}{2}} \dfrac{1}{\sin x}\,dx$ は $\displaystyle\int_{\frac{\pi}{4}}^{\frac{\pi}{2}} \dfrac{\sin x}{(1-\cos x)(1+\cos x)}\,dx$ と書き直せることが分かったね。

そこで，
$\int_{\frac{\pi}{4}}^{\frac{\pi}{2}} \dfrac{\sin x}{(1-\cos x)(1+\cos x)} dx$ について考えよう。

とりあえず，
$\dfrac{\sin x}{(1-\cos x)(1+\cos x)}$ を部分分数に分解すればいいんだけれど，
$\cos x$ の部分分数なんて面倒くさそうだよね。
分母は（今までのように）
$(1-\cos x)(1+\cos x)$ よりも $(1-x)(1+x)$ の方が考えやすいので
考えやすくするために $\boxed{\cos x = t}$ とおこう。

ここで，
$\boxed{\cos x = t \text{ の両辺を } x \text{ で微分する}}$ と ◂ dx と dt の関係式を求める

$\quad (\cos x)' = \dfrac{dt}{dx}$

$\Leftrightarrow -\sin x = \dfrac{dt}{dx}$ ◂ $(\cos x)' = -\sin x$

$\Leftrightarrow dx = -\dfrac{1}{\sin x} dt$ ◂ dx について解いた

がいえるので，

$\int_{\frac{\pi}{4}}^{\frac{\pi}{2}} \dfrac{\sin x}{(1-\cos x)(1+\cos x)} dx$

$= \int_{\frac{1}{\sqrt{2}}}^{0} \dfrac{\sin x}{(1-t)(1+t)} \left(-\dfrac{1}{\sin x} dt\right)$

◂ $x = \frac{\pi}{2}$ のとき $t = \cos\frac{\pi}{2} = 0$ ◂ $\cos x = t$ に $x = \frac{\pi}{2}$ を代入した
◂ $\cos x = t$ と $dx = -\frac{1}{\sin x} dt$ を代入した
◂ $x = \frac{\pi}{4}$ のとき $t = \cos\frac{\pi}{4} = \frac{1}{\sqrt{2}}$ ◂ $\cos x = t$ に $x = \frac{\pi}{4}$ を代入した

$= -\int_{\frac{1}{\sqrt{2}}}^{0} \dfrac{1}{(1-t)(1+t)} dt$ ◂ 分母分子の $\sin x$ を約分した

$= \int_{0}^{\frac{1}{\sqrt{2}}} \dfrac{1}{(1-t)(1+t)} dt$ ◂ $-\int_{\beta}^{\alpha} f(t) dt = \int_{\alpha}^{\beta} f(t) dt$

$\int_0^{\frac{1}{\sqrt{2}}} \frac{1}{(1-t)(1+t)} dt$ だったら,

今までのように簡単に部分分数に分解できる形なので解けそうだね。

[解答]

$\int_{\frac{\pi}{4}}^{\frac{\pi}{2}} \frac{1}{\sin x} dx = \int_{\frac{\pi}{4}}^{\frac{\pi}{2}} \frac{\sin x}{(1-\cos x)(1+\cos x)} dx$ ◀[考え方]参照

ここで,

$\boxed{\cos x = t \text{ とおく}}$ と, ◀式を見やすくする!

$\quad (\cos x)' = \dfrac{dt}{dx}$ ◀ $\cos x = t$ の両辺を x で微分した

$\Leftrightarrow -\sin x = \dfrac{dt}{dx}$ ◀ $(\cos x)' = -\sin x$

$\Leftrightarrow dx = -\dfrac{1}{\sin x} dt$ ◀ dx について解いた

がいえるので,

$\int_{\frac{\pi}{4}}^{\frac{\pi}{2}} \dfrac{\sin x}{(1-\cos x)(1+\cos x)} dx$

$= \int_{\frac{1}{\sqrt{2}}}^{0} \dfrac{\sin x}{(1-t)(1+t)} \left(-\dfrac{1}{\sin x} dt\right)$

　$x=\frac{\pi}{2}$ のとき $t=\cos\frac{\pi}{2}=0$ ◀ $\cos x=t$ に $x=\frac{\pi}{2}$ を代入した
　$x=\frac{\pi}{4}$ のとき $t=\cos\frac{\pi}{4}=\frac{1}{\sqrt{2}}$ ◀ $\cos x=t$ に $x=\frac{\pi}{4}$ を代入した
　◀ $\cos x=t$ と $dx=\frac{1}{\sin x}dt$ を代入した

$= -\int_{\frac{1}{\sqrt{2}}}^{0} \dfrac{1}{(1-t)(1+t)} dt$ ◀分母分子の $\sin x$ を約分した

$= \int_0^{\frac{1}{\sqrt{2}}} \dfrac{1}{(1-t)(1+t)} dt$ ◀ $-\int_\beta^\alpha f(t)dt = \int_\alpha^\beta f(t)dt$

$= \int_0^{\frac{1}{\sqrt{2}}} \left(\dfrac{\frac{1}{2}}{1-t} + \dfrac{\frac{1}{2}}{1+t}\right) dt$ ◀部分分数に分けた [((注))を見よ]

$$= \frac{1}{2}\int_0^{\frac{1}{\sqrt{2}}}\left(-\frac{-1}{1-t}+\frac{1}{1+t}\right)dt \quad \blacktriangleleft \frac{1}{2} を \int の外に出した$$

$$= \frac{1}{2}\int_0^{\frac{1}{\sqrt{2}}}\left(-\frac{(1-t)'}{1-t}+\frac{(1+t)'}{1+t}\right)dt \quad \blacktriangleleft (1-t)'=-1, (1+t)'=1$$

$$= \frac{1}{2}\Big[-\log|1-t|+\log|1+t|\Big]_0^{\frac{1}{\sqrt{2}}} \quad \blacktriangleleft \text{Point 2.1 を使った}$$

$$= \frac{1}{2}\left(-\log\left|1-\frac{1}{\sqrt{2}}\right|+\log\left|1+\frac{1}{\sqrt{2}}\right|\right)-\frac{1}{2}\left(-\log|1|+\log|1|\right)$$

$$= \frac{1}{2}\left\{-\log\left(1-\frac{1}{\sqrt{2}}\right)+\log\left(1+\frac{1}{\sqrt{2}}\right)\right\} \quad \blacktriangleleft 1-\frac{1}{\sqrt{2}} と 1+\frac{1}{\sqrt{2}} は正なので$$
$$\left|1-\frac{1}{\sqrt{2}}\right|=1-\frac{1}{\sqrt{2}},\ \left|1+\frac{1}{\sqrt{2}}\right|=1+\frac{1}{\sqrt{2}}$$

$$= \frac{1}{2}\left\{\log\left(1+\frac{1}{\sqrt{2}}\right)-\log\left(1-\frac{1}{\sqrt{2}}\right)\right\}$$

$$= \frac{1}{2}\log\frac{1+\frac{1}{\sqrt{2}}}{1-\frac{1}{\sqrt{2}}} \quad \blacktriangleleft \log A - \log B = \log\frac{A}{B}$$

$$= \frac{1}{2}\log\frac{\sqrt{2}+1}{\sqrt{2}-1} \quad \blacktriangleleft \frac{1+\frac{1}{\sqrt{2}}}{1-\frac{1}{\sqrt{2}}} の分母分子に \sqrt{2} を掛けた$$

$$= \frac{1}{2}\log\left(\frac{\sqrt{2}+1}{\sqrt{2}-1}\cdot\frac{\sqrt{2}+1}{\sqrt{2}+1}\right) \quad \blacktriangleleft 有理化した！$$

$$= \frac{1}{2}\log(\sqrt{2}+1)^2 \quad \blacktriangleleft \frac{(\sqrt{2}+1)(\sqrt{2}+1)}{(\sqrt{2}-1)(\sqrt{2}+1)}=\frac{(\sqrt{2}+1)^2}{2-1}=\underline{(\sqrt{2}+1)^2}$$

$$= 2\cdot\frac{1}{2}\log(\sqrt{2}+1) \quad \blacktriangleleft \log A^n = n\log A$$

$$= \underline{\log(\sqrt{2}+1)}\ //$$

(注) $\dfrac{1}{(1-t)(1+t)} = \dfrac{A}{1-t} + \dfrac{B}{1+t}$ ……(*) のAとBの求め方

(*)に $1-t$ を掛ける と， ◀Aの分母を払う！

(*) ➡ $\dfrac{1}{1+t} = A + (1-t)\cdot\dfrac{B}{1+t}$ ……①

①に $t=1$ を代入する と， ◀Bを消去する

① ➡ $\dfrac{1}{1+1} = A + \boxed{(1-1)}\cdot\dfrac{B}{1+1}$
↑ここが0になる！

➡ $\dfrac{1}{2} = A + 0\cdot\dfrac{B}{2}$ ◀Bの係数が0になった！

∴ $A = \dfrac{1}{2}$ ◀Bが消えてAが求められた

(*)に $1+t$ を掛ける と， ◀Bの分母を払う！

(*) ➡ $\dfrac{1}{1-t} = (1+t)\cdot\dfrac{A}{1-t} + B$ ……②

②に $t=-1$ を代入する と， ◀Aを消去する

② ➡ $\dfrac{1}{1-(-1)} = \boxed{(1-1)}\cdot\dfrac{A}{1-(-1)} + B$
↑ここが0になる！

➡ $\dfrac{1}{2} = 0\cdot\dfrac{A}{2} + B$ ◀Aの係数が0になった！

∴ $B = \dfrac{1}{2}$ ◀Aが消えてBが求められた

練習問題 6

(1) $\displaystyle\int_2^4 \dfrac{1}{x\log x}\,dx$ を求めよ。

(2) $\displaystyle\int_0^{\frac{\pi}{4}} \dfrac{1}{\cos x}\,dx$ を求めよ。

Section 3 の Intro

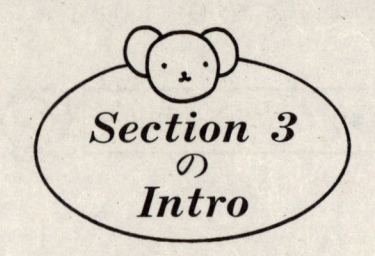

まず これまでの知識では $\int \cos x \, dx$ や $\int a^x \, dx$ などは一見すると よく分からないけれど，

積分の定義式は $\boxed{\int f'(x) \, dx = f(x)}$ なので，

$\int \cos x \, dx = \boxed{}$ などを求めるためには

$\int f'(x) \, dx = f(x)$ との対応関係を考えばいいのである。

つまり，
$f'(x) = \cos x$ となる $f(x)$ は $\sin x$ なので ◀ $(\sin x)' = \cos x$

$\int \cos x \, dx = \sin x$ ◀ $\int f'(x) dx = f(x)$ の形！

となることが分かるのである！

Section 3 三角関数と指数関数の積分の基本公式について

この章では，常識として知っておきたい三角関数と指数関数の積分の基本公式について解説します。使うものは単に微分の公式だけです。

もし，三角関数と指数関数の微分の公式が頭に入っていなければ，必ず「微分が本当によくわかる本」のSection2を確認してからこの章を読んで下さい。

例題 18

(1) $\int \cos x \, dx$ を求めよ。

(2) $\int \cos nx \, dx$ を求めよ。ただし，$n \neq 0$ とする。

[考え方]

(1) まず，

$\int f'(x) dx = f(x)$ より， ◀ 積分の定義式！

$\int \cos x \, dx = \boxed{}$ を求めるためには

$f'(x) = \cos x$ となる（微分すると $\cos x$ になる）$f(x)$ を見つければいい よね。 ◀ $f(x) = \boxed{}$ より

微分すると $\cos x$ になる関数は すぐに分かるよね。

$(\sin x)' = \cos x$ より ◀ $\sin x$ を微分すると $\cos x$ になる！

$f'(x) = \cos x$ となる（微分すると $\cos x$ になる）$f(x)$ は $\sin x$ だよね。

よって，

$\int \cos x \, dx = \sin x$ がいえる。 ◀ $\int f'(x) dx = f(x)$

[解答]

(1) $\int \cos x \, dx = \int (\sin x)' dx$ ◀ $\cos x = (\sin x)'$

$\qquad\qquad\quad = \sin x$ ◀ $\int f'(x) dx = f(x)$

[考え方]

(2) $\int f'(x) \, dx = f(x)$ より， ◀ 積分の定義式！

$\int \cos nx \, dx = \boxed{}$ を求めるためには

$f'(x) = \cos nx$ となる（微分すると $\cos nx$ になる）$f(x)$ を見つければいい よね。 ◀ $f(x) = \boxed{}$ より

微分すると $\cos nx$ になる関数は すぐに分かるよね。

$\sin nx$ を微分すると $n\cos nx$ になるので ◀ $(\sin nx)' = n\cos nx$

$\dfrac{1}{n}\sin nx$ を微分すれば $\cos nx$ になる よね。 ◀ $\left(\dfrac{1}{n}\sin nx\right)' = \dfrac{1}{n}\cdot n\cos nx$
$= \cos nx$

(▶ $\dfrac{1}{n}$ は単なる定数である！)

よって、

$\left(\dfrac{1}{n}\sin nx\right)' = \cos nx$ より

$f'(x) = \cos nx$ となる (微分すると $\cos nx$ になる) $f(x)$ は $\dfrac{1}{n}\sin nx$ である。

よって、

$\displaystyle\int \cos nx\, dx = \dfrac{1}{n}\sin nx$ がいえる。 ◀ $\displaystyle\int f'(x)\, dx = f(x)$

[解答]

(2) $\displaystyle\int \cos nx\, dx = \int \left(\dfrac{1}{n}\sin nx\right)' dx$ ◀ $\cos nx = \left(\dfrac{1}{n}\sin nx\right)'$

$= \dfrac{1}{n}\sin nx$ ◀ $\displaystyle\int f'(x)\, dx = f(x)$

練習問題 7

(1) $\displaystyle\int \sin x\, dx$ を求めよ。

(2) $\displaystyle\int \sin nx\, dx$ を求めよ。ただし、$n \neq 0$ とする。

例題 19

(1) $\int e^x dx$ を求めよ。

(2) $\int a^x dx$ を求めよ。ただし，$a>0$，$a\neq 1$ とする。

[考え方]

(1) $\int f'(x)dx = f(x)$ より，

$\int e^x dx = \boxed{}$ を求めるためには

$f'(x)=e^x$ となる（微分すると e^x になる）$f(x)$ を見つければいい よね。 ◀ $f(x)=\boxed{}$ より

微分すると e^x になる関数は すぐに分かるよね。
$(e^x)'=e^x$ より ◀ e^x を微分すると e^x になる！
$f'(x)=e^x$ となる（微分すると e^x になる）$f(x)$ は e^x だよね。

よって，

$\int e^x dx = e^x$ がいえる。 ◀ $\int f'(x)dx = f(x)$

[解答]

(1) $\int e^x dx = \int (e^x)' dx$ ◀ $e^x = (e^x)'$

$ = e^x$ ◀ $\int f'(x)dx = f(x)$

[考え方]

(2) $\int f'(x)dx = f(x)$ より，

$\int a^x dx = \boxed{}$ を求めるためには

$f'(x)=a^x$ となる（微分すると a^x になる）$f(x)$ を見つければいい よね。 ◀ $f(x)=\boxed{}$ より

微分すると a^x になる関数は すぐに分かるよね。

a^x を微分すると $a^x \log a$ になるので
$\dfrac{1}{\log a} a^x$ を微分すれば a^x になる よね。 ◂ $(a^x)' = a^x \log a$

◂ $\left(\dfrac{1}{\log a} a^x\right)' = \dfrac{1}{\log a} \cdot a^x \log a = a^x$

(▶ $\dfrac{1}{\log a}$ は単なる定数である!)

よって,

$\left(\dfrac{1}{\log a} a^x\right)' = a^x$ より

$f'(x) = a^x$ となる (微分すると a^x になる) $f(x)$ は $\dfrac{1}{\log a} a^x$ である。

よって,

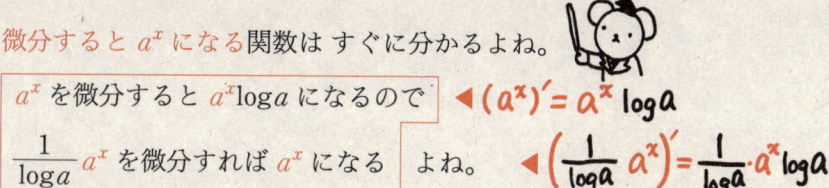

$\displaystyle\int a^x dx = \dfrac{1}{\log a} a^x$ がいえる。 ◂ $\displaystyle\int f'(x)\,dx = f(x)$

[解答]

(2) $\displaystyle\int a^x dx = \int \left(\dfrac{1}{\log a} a^x\right)' dx$ ◂ $a^x = \left(\dfrac{1}{\log a} a^x\right)'$

$= \dfrac{1}{\log a} a^x$ ◂ $\displaystyle\int f'(x)\,dx = f(x)$

──── 練習問題 8 ────────────────
$\displaystyle\int e^{nx} dx$ を求めよ。ただし,$n \neq 0$ とする。
────────────────────────────

<メモ>

Section 4　部分積分

まず，一般に
$\int e^x x \, dx$ [◀ 指数関数と整式の積の積分] や
$\int x^2 \log x \, dx$ [◀ 整式と対数関数の積の積分] のような
種類が違う関数の積の積分を一瞬で求められる公式は
存在しない。

つまり，$\int e^x x \, dx$ や $\int x^2 \log x \, dx$ などは，$\int$ の中身が
種類が違う関数の積の形のままでは，求めることが
できないのである。

そこで，「部分積分の公式」が必要になる。
部分積分の公式を使えば，非常に多くの問題において，
種類が違う関数の積を1種類の関数だけにする
ことができるのである。

例題20

$\int_0^1 e^x x \, dx$ を求めよ。

[考え方]

まず，

$\int_0^1 e^x x \, dx$ は e^x [◀指数関数] と x [◀整式] という

2種類の関数の積に関する積分だよね。

一般に，2種類の関数の積に関する積分が，すぐに求められる公式は存在しないんだ。

つまり，2種類の関数の積の形のままだと積分できないんだ。

だけど，

1種類の関数の積分だと，たいてい

$\int x^n dx = \dfrac{1}{n+1} x^{n+1}$ や $\int e^x dx = e^x$ のような公式が存在するよね。

だから，

$\int_0^1 e^x x \, dx$ をなんとか1種類の関数の積分の形にしたいよね。

そこで，次の公式が必要になる。

Point 4.1 〈部分積分の公式〉

$$\int f(x) g(x) \, dx = F(x) g(x) - \int F(x) g'(x) \, dx$$

ただし，$F(x)$ は $f(x)$ を積分した関数とする。

▶ 証明 (これは無理に覚える必要はない)

$\boxed{F(x)g(x) \text{ を } x \text{ で微分する}}$ と,

$$\{F(x)g(x)\}' = F'(x)g(x) + F(x)g'(x) \quad \blacktriangleleft \{f(x)g(x)\}' = f'(x)g(x) + f(x)g'(x)$$

$\Leftrightarrow \{F(x)g(x)\}' = f(x)g(x) + F(x)g'(x)$ ◀ F(x) は f(x) を積分したものなので F'(x) = f(x) がいえる!

さらに,

$\boxed{\text{両辺を } x \text{ で積分する}}$ と,

$$\int \{F(x)g(x)\}' dx = \int \{f(x)g(x) + F(x)g'(x)\} dx$$

$\Leftrightarrow F(x)g(x) = \int f(x)g(x) dx + \int F(x)g'(x) dx \quad \blacktriangleleft \int h'(x) dx = h(x)$

$\therefore \underline{\int f(x)g(x) dx = F(x)g(x) - \int F(x)g'(x) dx}$ ◀ $\int f(x)g(x) dx$ について解いた!

(注)

$\int f(x)g(x) dx = F(x)g(x) - \int F(x)g'(x) dx$ という公式は

$f(x)$ だけを (部分的に) 積分するものなので,

この公式を「**部分積分の公式**」という。

ここで, この
部分積分の公式の使い方について説明しよう。

まず,

$\int_0^1 e^x x \, dx$ のように 指数関数 と 整式 の積の形では

求めることができないから,

$\int_0^1 e^x dx$ [◀ 指数関数だけの式] or $\int_0^1 x \, dx$ [◀ 整式だけの式] のように

1 種類の関数の積分の形にしたいよね。

そのためには，
どちらかの関数が消えてくれればいい んだよね。

e^x は微分しても積分しても e^x のままだけれど，
x は1回微分するだけで消えてくれるよね。 ◀ $(x)' = 1$

そこで，部分積分の公式の

$$\int f(x)g(x)\,dx = F(x)g(x) - \int F(x)g'(x)\,dx$$

の $g'(x)$ に着目して

$\begin{cases} f(x) = e^x \\ g(x) = x \end{cases}$ とおく と， ◀ $g'(x) = 1$ のように x が消えてくれる！

$$\int e^x x\,dx = e^x x - \int e^x \cdot 1\,dx$$ ◀ Point 4.1

（F(x)［◀f(x)を積分したもの］、f(x) g(x) g(x) F(x) g'(x)［◀(x)'=1］）

$\Leftrightarrow \int e^x x\,dx = e^x x - \int e^x dx$ ……(*) ◀ $\int$ から x が消えた！

のようになり，

$\int e^x x\,dx$ が $e^x x - \int e^x dx$ と書き直せる。

$\int e^x dx$ だったら e^x［◀指数関数］だけの式なので

簡単に求めることができるよね。

以上より，

$$\int e^x x\,dx = e^x x - \int e^x dx \cdots\cdots (*)$$
$$= e^x x - e^x \text{ が得られる。}$$ ◀ $\int e^x dx = e^x$［例題19(1)参照］

このように
部分積分の公式は，主に，2種類の関数の積を
1種類の関数に変える道具として使う のである。

[解答]

$\int_0^1 e^x x\, dx$ ◀ $\begin{cases} f(x) = e^x \\ g(x) = x \end{cases}$

$= \left[e^x x \right]_0^1 - \int_0^1 e^x (x)'\, dx$ ◀ $F(x)g(x) - \int F(x)g'(x)\, dx$ [Point 4.1]

$= e^1 \cdot 1 - e^0 \cdot 0 - \int_0^1 e^x \cdot 1\, dx$ ◀ $(x)' = \underline{1}$

$= e - \int_0^1 e^x\, dx$ ◀ $\int$ から x が消えた!

$= e - \left[e^x \right]_0^1$ ◀ e^x を積分すると e^x になる

$= e - (e^1 - e^0)$
$= e - (e - 1)$ ◀ $e^0 = \underline{1}$
$= \underline{1}$ // ◀ $e - e + 1$

練習問題 9

$\int 3^x x\, dx$ を求めよ。

例題 21

$\int_0^1 (x^2 - x) e^{-x}\, dx$ を求めよ。

[考え方]

まず、e^{-x} は微分すると $-e^{-x}$ になり、積分しても $-e^{-x}$ になっていずれにしても e^{-x} は消えてくれないよね。 ◀ e^{-x} は何回微分しても積分しても ほとんど形は変わらない!

だけど、$x^2 - x$ だったら
$(x^2 - x)' = 2x - 1$
$(2x - 1)' = \underline{2}$ ◀ x が消えた!
のように 2 回微分すれば x が消えてくれるよね。

そこで，部分積分の公式の

$\boxed{\int f(x)g(x)\,dx = F(x)g(x) - \int F(x)g'(x)\,dx}$ の $g'(x)$ に着目して

$\boxed{\begin{cases} f(x) = e^{-x} \\ g(x) = x^2 - x \end{cases}}$ とおくと，

$\int_0^1 \underbrace{e^{-x}}_{f(x)}(\underbrace{x^2-x}_{g(x)})\,dx$

$= \left[\underbrace{(-e^{-x})}_{F(x)\ [\blacktriangleleft f(x)\text{を積分したもの}]}(\underbrace{x^2-x}_{g(x)}) \right]_0^1 - \int_0^1 \underbrace{(-e^{-x})}_{F(x)}\underbrace{(2x-1)}_{g'(x)\ [\blacktriangleleft (x^2-x)'=\underline{2x-1}]}\,dx$ ◀ Point 4.1

$= -e^{-1}(1-1) + e^0(0-0) + \int_0^1 e^{-x}(2x-1)\,dx$

$= \underline{\int_0^1 e^{-x}(2x-1)\,dx}$ が得られる。

これもまた，e^{-x} [◀指数関数] と $2x-1$ [◀整式] の2種類の関数の積なので部分積分しなければならないよね。

そこで，部分積分の公式の

$\boxed{\int f(x)g(x)\,dx = F(x)g(x) - \int F(x)g'(x)\,dx}$ の $g'(x)$ に着目して

$\boxed{\begin{cases} f(x) = e^{-x} \\ g(x) = 2x-1 \end{cases}}$ とおくと，◀ $g'(x)=\underline{2}$ のように x が消えてくれるから！

$\int_0^1 \underbrace{e^{-x}}_{f(x)}(\underbrace{2x-1}_{g(x)})\,dx$

$= \left[\underbrace{(-e^{-x})}_{F(x)\ [\blacktriangleleft f(x)\text{を積分したもの}]}(\underbrace{2x-1}_{g(x)}) \right]_0^1 - \int_0^1 \underbrace{(-e^{-x})}_{F(x)}\underbrace{2}_{g'(x)\ [\blacktriangleleft (2x-1)'=\underline{2}]}\,dx$ ◀ Point 4.1

$= -e^{-1}(2\cdot 1 - 1) + e^0(2\cdot 0 - 1) + 2\int_0^1 e^{-x}\,dx$

$= -e^{-1} - 1 + 2\int_0^1 e^{-x}\,dx$ ◀ $e^0 = \underline{1}$

$= -\dfrac{1}{e} - 1 + 2\left[-e^{-x}\right]_0^1$ ◀ $e^{-1} = \dfrac{1}{e}$

$= -\dfrac{1}{e} - 1 + 2(-e^{-1} + e^0)$

$= -\dfrac{1}{e} - 1 - \dfrac{2}{e} + 2$ ◀ $e^{-1} = \dfrac{1}{e}$, $e^0 = 1$

$= -\dfrac{3}{e} + 1$

[解答]

$\displaystyle\int_0^1 e^{-x}(x^2 - x)dx$ ◀ $\begin{cases} f(x) = e^{-x} \\ g(x) = x^2 - x \end{cases}$

$= \left[-e^{-x}(x^2 - x)\right]_0^1 - \displaystyle\int_0^1 (-e^{-x})(x^2 - x)'dx$ ◀ $F(x)g(x) - \int F(x)g'(x)dx$

$= -e^{-1}(1-1) + e^0(0-0) + \displaystyle\int_0^1 e^{-x}(2x-1)dx$ ◀ $(x^2 - x)' = 2x - 1$

$= \displaystyle\int_0^1 e^{-x}(2x-1)dx$ ◀ $\begin{cases} f(x) = e^{-x} \\ g(x) = 2x - 1 \end{cases}$

$= \left[-e^{-x}(2x-1)\right]_0^1 - \displaystyle\int_0^1 (-e^{-x})(2x-1)'dx$ ◀ $F(x)g(x) - \int F(x)g'(x)dx$

$= -e^{-1}(2\cdot 1 - 1) + e^0(2\cdot 0 - 1) + \displaystyle\int_0^1 e^{-x}\cdot 2\,dx$ ◀ $(2x-1)' = 2$

$= -e^{-1} - 1 + 2\displaystyle\int_0^1 e^{-x}dx$ ◀ $e^0 = 1$

$= -\dfrac{1}{e} - 1 + 2\left[-e^{-x}\right]_0^1$ ◀ $e^{-1} = \dfrac{1}{e}$

$= -\dfrac{1}{e} - 1 + 2(-e^{-1} + e^0)$

$= -\dfrac{1}{e} - 1 - \dfrac{2}{e} + 2$ ◀ $e^{-1} = \dfrac{1}{e}$, $e^0 = 1$

$$= -\frac{3}{e} + 1$$

例題 22

(1) $\int \log x \, dx$ を求めよ。

(2) $\int (\log x)^2 \, dx$ を求めよ。

[考え方]

(1) まず，三角関数や指数関数とは違って，

$\boxed{\log x \text{ の積分公式は存在しない}}$ ◀ 微分すると $\log x$ になる関数は すぐには分からないから！

ということを必ず覚えておこう。

だから，いくら $\log x$ という1つの関数の積分であっても

$\int \log x \, dx$ は次のような特殊なやり方で求めるしかないんだ。

STEP1

$\int \log x \, dx$ の形のままでは計算のしようがないので，

部分積分の公式（**Point 4.1**）を使うために
強引に $\log x$ を $1 \cdot \log x$ と書き直して
$\log x$ を"積の形の関数"とみなす。

▶ $\int \log x \, dx$

$= \int 1 \cdot \log x \, dx$ ◀ $\log x$ を $1 \cdot \log x$ と書き直した！

STEP2

$\log x$ は積分できないので，$\int 1\cdot\log x\, dx$ を求めるためには

$$\boxed{\int f(x)g(x)\,dx = F(x)g(x) - \int F(x)g'(x)\,dx}$$ における

$f(x)$ [◀積分する関数] を 1 にして，
$g(x)$ [◀微分する関数] を $\log x$ にする。

▶ $\int \underbrace{1}_{f(x)}\cdot \underbrace{\log x}_{g(x)}\,dx = \underbrace{x}_{F(x)}\underbrace{\log x}_{g(x)} - \int \underbrace{x}_{F(x)}\cdot \underbrace{\frac{1}{x}}_{g'(x)}\,dx$ ◀ Point 4.1
  [◀ $(\log x)' = \frac{1}{x}$]

$\qquad\qquad = x\log x - \int 1\,dx$ ◀ $\int$ から $\log x$ が消えた！

$\qquad\qquad = \underline{x\log x - x}$ ◀ $\int 1\,dx = x$

[解答]

(1) $\int \log x\,dx = \int 1\cdot\log x\,dx$ ◀ $\log x = 1\cdot\log x$

$\qquad\quad = x\log x - \int x\cdot\dfrac{1}{x}\,dx$ ◀ Point 4.1 [$f(x)=1, g(x)=\log x$]

$\qquad\quad = x\log x - \int 1\,dx$ ◀ $x\cdot\dfrac{1}{x} = 1$

$\qquad\quad = \underline{x\log x - x}\;//$ ◀ $\int 1\,dx = x$

[考え方]

(2) $\int (\log x)^2\,dx$ は $\int \log x\,dx$ と同様に

$\log x$ の積分だから 普通に求めることはできないので，

$\int \log x\,dx$ でやったように 部分積分を使ってみよう。

STEP1

$\int (\log x)^2 dx$ の形のままでは計算のしようがないので，部分積分の公式（**Point 4.1**）を使うために強引に $(\log x)^2$ を $1\cdot(\log x)^2$ と書き直して $(\log x)^2$ を "積の形の関数" とみなす。

▶ $\int (\log x)^2 dx$

$= \int 1\cdot(\log x)^2 dx$ ◀ $(\log x)^2$ を $1\cdot(\log x)^2$ と書き直した！

STEP2

$(\log x)^2$ は積分できないので，$\int 1\cdot(\log x)^2 dx$ を求めるためには

$$\boxed{\int f(x)g(x)\,dx = F(x)g(x) - \int F(x)g'(x)\,dx}$$

における

$f(x)$ [◀積分する関数] を 1 にして，
$g(x)$ [◀微分する関数] を $(\log x)^2$ にする。

▶ $\int \underset{f(x)}{1}\cdot \underset{g(x)}{(\log x)^2}\,dx$

$= \underset{F(x)}{x}\,\underset{g(x)}{(\log x)^2} - \int \underset{F(x)}{x}\,\underset{g'(x)}{\{(\log x)^2\}'}\,dx$ ◀ Point 4.1 [F(x) は f(x) を積分したもの]

$= x(\log x)^2 - \int x\{2(\log x)'\log x\}\,dx$ ◀ $\{(f(x))^n\}' = nf'(x)(f(x))^{n-1}$

$= x(\log x)^2 - \int x\cdot 2\cdot\dfrac{1}{x}\cdot\log x\,dx$ ◀ $(\log x)' = \dfrac{1}{x}$

$= x(\log x)^2 - \int 2\log x\, dx$ ◀ 分母分子の x を約分した

$= x(\log x)^2 - 2\int \log x\, dx$ ……(*) ◀ 2 を $\int$ の外に出した

STEP3

(*) の $\int \log x\, dx$ に (1) で求めた $\int \log x\, dx = x\log x - x$ を使う！

▶ $x(\log x)^2 - 2\int \log x\, dx$ ……(*)

$= x(\log x)^2 - 2(x\log x - x)$ ◀ (1) の結果を使った！
$= \underline{\underline{x(\log x)^2 - 2x\log x + 2x}}$ ◀ 展開した

[解答]

(2) $\int (\log x)^2\, dx$

$= \int 1\cdot(\log x)^2\, dx$ ◀ $(\log x)^2 = 1\cdot(\log x)^2$

$= x(\log x)^2 - \int x\{(\log x)^2\}'\, dx$ ◀ Point 4.1 [$f(x)=1$, $g(x)=(\log x)^2$]

$= x(\log x)^2 - \int x\cdot 2\cdot\dfrac{1}{x}\cdot\log x\, dx$ ◀ $\{(\log x)^2\}' = 2(\log x)'\log x = 2\cdot\underline{\dfrac{1}{x}\cdot\log x}$

$= x(\log x)^2 - 2\int \log x\, dx$ ◀ 分母分子の x を約分した

$= x(\log x)^2 - 2(x\log x - x)$ ◀ (1) の結果を使った！
$= \underline{\underline{x(\log x)^2 - 2x\log x + 2x}}$ // ◀ 展開した

練習問題 10

$\displaystyle\int_1^2 x\log x\, dx$ を求めよ。

練習問題 11

$\int (\log x)^3 dx$ を求めよ。

例題 23

$2\int x^3 e^{x^2} dx$ を求めよ。

[考え方]

まず，x^3 は

$(x^3)' = 3x^2$　◀1回微分した
$(3x^2)' = 6x$　◀2回微分した
$(6x)' = 6$ のように　◀3回微分した

3回微分すれば x が消えてくれるよね。
そこで，部分積分の公式の

$\int f(x)g(x)dx = F(x)g(x) - \int F(x)g'(x)dx$ における

$f(x)$ [◀積分する関数] を e^{x^2} にして
$g(x)$ [◀微分する関数] を x^3 にしたいけれど，
e^{x^2} の積分なんてよく分からないよね。
そもそも，e^{x^2} は非常に考えにくいよね。
そこで，
考えにくい e^{x^2} を考えやすい e^x の形にするために $x^2 = t$ とおこう。
ここで，
$x^2 = t$ の両辺を x で微分する と　◀dxとdtの関係式を求める

　　$2x = \dfrac{dt}{dx}$　◀$x^2 = t$ の両辺を x で微分した

$\Leftrightarrow dx = \dfrac{1}{2x}dt$ がいえるので，　◀dxについて解いた

部分積分　85

$$2\int x^3 e^{x^2} dx = 2\int x^3 e^t \frac{1}{2x} dt \quad \blacktriangleleft x^2=t \text{ と } dx=\frac{1}{2x}dt \text{ を代入した}$$

$$= \int x^2 e^t dt \quad \blacktriangleleft \text{分母分子の } 2x \text{ を約分した}$$

$$= \underline{\int t\, e^t dt} \quad \blacktriangleleft x^2=t \text{ を代入して } t \text{ だけの式にした!}$$

$\int t\, e^t dt$ だったら簡単だよね。

t は 1 回微分したら簡単に消えるし，e^t は簡単に積分できるよね。

そこで，部分積分の公式の

$$\boxed{\int f(t)g(t)\,dt = F(t)g(t) - \int F(t)g'(t)\,dt}$$ における

$f(t)$ [◀積分する関数] を e^t にして，$g(t)$ [◀微分する関数] を t にすると，

$$\int e^t\, t\, dt = e^t\, t - \int e^t \cdot 1\, dt \quad \blacktriangleleft \text{Point 4.1}$$

$$= e^t t - \int e^t dt$$

$$= e^t t - e^t \quad \blacktriangleleft e^t \text{ を積分したら } e^t \text{ になる}$$

$$= \underline{e^{x^2} x^2 - e^{x^2}} \quad \blacktriangleleft t=x^2 \text{ を代入して } x \text{ だけの式にした!}$$

[解答]

$2\int x^3 e^{x^2} dx$ において

$\boxed{x^2 = t \text{ とおく}}$ と　◀考えにくい e^{x^2} を 考えやすい e^t にする!

$$2x = \frac{dt}{dx} \quad \blacktriangleleft x^2=t \text{ の両辺を } x \text{ で微分した}$$

$\Leftrightarrow dx = \frac{1}{2x} dt$ がいえるので，　◀dx について解いた

$2\int x^3 e^{x^2}dx = 2\int x^3 e^t \dfrac{1}{2x}dt$ ◀ $x^2=t$ と $dx=\dfrac{1}{2x}dt$ を代入した

$\qquad = \int x^2 e^t dt$ ◀ 分母分子の $2x$ を約分した

$\qquad = \int t\, e^t dt$ ◀ $x^2=t$ を代入して t だけの式にした！

$\qquad = e^t t - \int e^t (t)' dt$ ◀ Point 4.1 [$f(t)=e^t$, $g(t)=t$]

$\qquad = e^t t - \int e^t dt$ ◀ $(t)'=\underline{1}$

$\qquad = e^t t - e^t$ ◀ e^t を積分したら e^t になる

$\qquad = \underline{\underline{e^{x^2}x^2 - e^{x^2}}}\;//$ ◀ $t=x^2$ を代入して x だけの式にした！

Section 5 三角関数の積の積分

僕らが知っている三角関数の積分の公式は
とりあえず, Section3 でやった
$\int \sin nx \, dx = -\frac{1}{n} \cos nx$ と $\int \cos nx \, dx = \frac{1}{n} \sin nx$
だけである。
だから, 例えば
$\int \sin 2x \cos 3x \, dx$ や $\int \sin^2 x \, dx \left[= \int \sin x \sin x \, dx \right]$
のような 積の形の積分は すぐに求めることはできない。

▶「部分積分を使えば求められるのでは?」と思う人もいるだろうが, sin や cos は微分しても積分しても sin が cos になったり, cos が sin になったりするだけで, 今までのように うまく 消えてくれないよね。
だから, 三角関数の積の場合は 部分積分を使っても あまり意味がないんだよ。

そこで, この章では
三角関数の積の形の積分の求め方について 解説しよう。

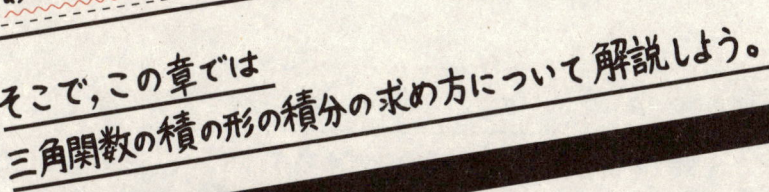

例題 24

$\int_0^\pi \sin 3x \cos 2x \, dx$ を求めよ。

[考え方]

まず，$\int \sin 3x \cdot \cos 2x \, dx$ のように三角関数の積の形の積分のままだと公式がないので求めることができないよね。

だけど，もしも $\int (\sin 3x + \cos 2x) dx$ のように和の形だったら

$\int (\sin 3x + \cos 2x) dx$

$= \int \sin 3x \, dx + \int \cos 2x \, dx$

$= -\dfrac{1}{3} \cos 3x + \dfrac{1}{2} \sin 2x$ ◀ $\begin{cases} \int \sin nx \, dx = -\dfrac{1}{n} \cos nx \\ \int \cos nx \, dx = \dfrac{1}{n} \sin nx \end{cases}$

のように求めることができるよね。

このように，三角関数の積の形の積分は
三角関数の和 (or 差) の形の積分にすることができたら
簡単に求めることができるのである。

そこで，
三角関数の積の形を和 (or 差) の形に書き直す方法について考えよう。

まず，

$\sin \alpha \cos \beta = \dfrac{1}{2} \{\sin(\alpha+\beta) + \sin(\alpha-\beta)\}$ のような

三角関数の積を和 (or 差) に書き直す公式は知っているかい？
三角関数の公式はたくさんあるけれど，あまり頻繁に使うものではないのできっと，「ほとんど覚えていない」という人が多いよね。

だけど，三角関数のほとんどの公式は 加法定理さえ知っていれば
簡単に導くことができるので，実は
加法定理以外の公式はほとんど覚える必要がないんだ。

そこで，最低限必要になる次の**「加法定理」**だけは必ず覚えておこう。

Point 5.1 〈三角関数の加法定理〉

① $\sin(\alpha+\beta) = \sin\alpha\cos\beta + \cos\alpha\sin\beta$
② $\sin(\alpha-\beta) = \sin\alpha\cos\beta - \cos\alpha\sin\beta$
③ $\cos(\alpha+\beta) = \cos\alpha\cos\beta - \sin\alpha\sin\beta$
④ $\cos(\alpha-\beta) = \cos\alpha\cos\beta + \sin\alpha\sin\beta$

ここで，実際に 加法定理を使って
$\sin\alpha\cos\beta$ [◀三角関数の積] を和（or 差）の形にする式を導いてみよう。

加法定理の公式で $\sin\alpha\cos\beta$ が出てくるものは
$\begin{cases} \sin(\alpha+\beta) = \sin\alpha\cos\beta + \cos\alpha\sin\beta & \cdots\cdots ① \\ \sin(\alpha-\beta) = \sin\alpha\cos\beta - \cos\alpha\sin\beta & \cdots\cdots ② \end{cases}$
の 2 つなので，この 2 つを使って
$\sin\alpha\cos\beta$ を和（or 差）の形にする式をつくってみよう。

---

①＋② より　　◀ $\cos\alpha\sin\beta$ を消去して $\sin\alpha\cos\beta$ だけの式をつくる！

　　$\sin(\alpha+\beta) + \sin(\alpha-\beta) = 2\sin\alpha\cos\beta$　　◀ $\cos\alpha\sin\beta$ が消えた

$\Leftrightarrow \sin\alpha\cos\beta = \dfrac{1}{2}\{\sin(\alpha+\beta) + \sin(\alpha-\beta)\}$　　◀ $\sin\alpha\cos\beta$ について解いた

が得られる。

このように，2 つの加法定理の公式を 単に 足したり引いたりするだけで
簡単に 三角関数の積を和（or 差）の形にする式をつくることができるんだ。

それでは，実際に

$\sin\alpha\cos\beta = \dfrac{1}{2}\{\sin(\alpha+\beta)+\sin(\alpha-\beta)\}$ を使って

$\displaystyle\int \sin 3x \cos 2x \, dx$ を求めてみよう。

まず，

$\sin\alpha\cos\beta = \dfrac{1}{2}\{\sin(\alpha+\beta)+\sin(\alpha-\beta)\}$ に $\alpha = 3x$ と $\beta = 2x$ を代入する と，　◀ sin3x cos2x をつくる！

$\sin 3x \cos 2x = \dfrac{1}{2}\{\sin(3x+2x)+\sin(3x-2x)\}$

$\Leftrightarrow \sin 3x \cos 2x = \dfrac{1}{2}(\sin 5x + \sin x)$ ……(＊)

が得られるので，　◀ sin3x cos2x が和の形になった！

$\displaystyle\int \sin 3x \cos 2x \, dx$

$= \dfrac{1}{2}\displaystyle\int (\sin 5x + \sin x)\, dx$　◀ (＊)を代入した

$= \dfrac{1}{2}\displaystyle\int \sin 5x \, dx + \dfrac{1}{2}\displaystyle\int \sin x \, dx$　◀ $\dfrac{1}{2}$ を $\int$ の外に出した

$= \dfrac{1}{2}\left(-\dfrac{1}{5}\cos 5x\right) + \dfrac{1}{2}(-\cos x)$　◀ $\displaystyle\int \sin nx \, dx = -\dfrac{1}{n}\cos nx$

$= -\dfrac{1}{10}\cos 5x - \dfrac{1}{2}\cos x$

[解答]

$$\int_0^\pi \sin 3x \cos 2x \, dx$$

$$= \int_0^\pi \frac{1}{2}(\sin 5x + \sin x) dx \quad \blacktriangleleft \sin 3x \cos 2x = \frac{1}{2}(\sin 5x + \sin x) \text{ [考え方]参照}$$

$$= \frac{1}{2}\int_0^\pi \sin 5x \, dx + \frac{1}{2}\int_0^\pi \sin x \, dx \quad \blacktriangleleft \frac{1}{2} \text{を} \int \text{の外に出した}$$

$$= \frac{1}{2}\left[-\frac{1}{5}\cos 5x\right]_0^\pi + \frac{1}{2}\left[-\cos x\right]_0^\pi \quad \blacktriangleleft \int \sin nx \, dx = -\frac{1}{n}\cos nx$$

$$= \frac{1}{2}\left(-\frac{1}{5}\cos 5\pi\right) - \frac{1}{2}\left(-\frac{1}{5}\cos 0\right) + \frac{1}{2}(-\cos\pi) - \frac{1}{2}(-\cos 0)$$

$$= \frac{1}{2}\left\{-\frac{1}{5}(-1)\right\} - \frac{1}{2}\left(-\frac{1}{5}\cdot 1\right) + \frac{1}{2}\{-(-1)\} - \frac{1}{2}(-1) \quad \blacktriangleleft \begin{cases} \cos 5\pi = \cos\pi = -1 \\ \cos 0 = 1 \end{cases}$$

$$= \frac{1}{10} + \frac{1}{10} + \frac{1}{2} + \frac{1}{2}$$

$$= \frac{6}{5} \quad \blacktriangleleft \frac{2}{10} + \frac{2}{2} = \frac{1}{5} + 1 = \frac{6}{5}$$

例題25

$\int_0^{\frac{\pi}{2}} \sin 3x \sin x \, dx$ を求めよ。

[考え方]

まず，$\sin\alpha\sin\beta$ を和 (or 差) の形にする式を導いてみよう。

> 加法定理の公式で $\sin\alpha\sin\beta$ が出てくるものは
> $$\begin{cases} \cos(\alpha+\beta) = \cos\alpha\cos\beta - \sin\alpha\sin\beta \quad \cdots\cdots ① \\ \cos(\alpha-\beta) = \cos\alpha\cos\beta + \sin\alpha\sin\beta \quad \cdots\cdots ② \end{cases}$$
> の2つなので，この2つを使って
> $\sin\alpha\sin\beta$ を和 (or 差) の形にする式をつくってみよう。

$①-②$ より ◀ $\cos\alpha\cos\beta$ を消去して $\sin\alpha\sin\beta$ だけの式をつくる！

$\cos(\alpha+\beta) - \cos(\alpha-\beta) = -2\sin\alpha\sin\beta$ ◀ $\cos\alpha\cos\beta$ が消えた

$\Leftrightarrow \sin\alpha\sin\beta = -\dfrac{1}{2}\{\cos(\alpha+\beta) - \cos(\alpha-\beta)\}$ ◀ $\sin\alpha\sin\beta$ について解いた

が得られる。

ここで，

> $\sin\alpha\sin\beta = -\dfrac{1}{2}\{\cos(\alpha+\beta) - \cos(\alpha-\beta)\}$ ……(*) に
> $\alpha = 3x$ と $\beta = x$ を代入する

と，◀ $\sin 3x \sin x$ をつくる！

$\sin 3x \sin x = -\dfrac{1}{2}\{\cos(3x+x) - \cos(3x-x)\}$

$\Leftrightarrow \sin 3x \sin x = -\dfrac{1}{2}(\cos 4x - \cos 2x)$ ……(*)′

が得られるので，◀ $\sin 3x \sin x$ が差の形になった！

$\int \sin 3x \sin x \, dx$

$= \int -\dfrac{1}{2}(\cos 4x - \cos 2x) dx$ ◀ (*)を代入した

$= -\dfrac{1}{2}\int \cos 4x \, dx + \dfrac{1}{2}\int \cos 2x \, dx$

$= -\dfrac{1}{2} \cdot \dfrac{1}{4}\sin 4x + \dfrac{1}{2} \cdot \dfrac{1}{2}\sin 2x$ ◀ $\int \cos nx \, dx = \dfrac{1}{n}\sin nx$

$= -\dfrac{1}{8}\sin 4x + \dfrac{1}{4}\sin 2x$

[解答]

$\int_0^{\frac{\pi}{2}} \sin 3x \sin x \, dx$

$= \int_0^{\frac{\pi}{2}} -\dfrac{1}{2}(\cos 4x - \cos 2x) dx$ ◀ $\sin 3x \sin x = -\dfrac{1}{2}(\cos 4x - \cos 2x)$ ([考え方参照])

$= -\dfrac{1}{2}\int_0^{\frac{\pi}{2}} \cos 4x \, dx + \dfrac{1}{2}\int_0^{\pi} \cos 2x \, dx$

$= -\dfrac{1}{2}\left[\dfrac{1}{4}\sin 4x\right]_0^{\frac{\pi}{2}} + \dfrac{1}{2}\left[\dfrac{1}{2}\sin 2x\right]_0^{\frac{\pi}{2}}$ ◀ $\int \cos nx \, dx = \dfrac{1}{n}\sin nx$

$= -\dfrac{1}{2}\left(\dfrac{1}{4}\sin 2\pi\right) + \dfrac{1}{2}\left(\dfrac{1}{4}\sin 0\right) + \dfrac{1}{2}\left(\dfrac{1}{2}\sin \pi\right) - \dfrac{1}{2}\left(\dfrac{1}{2}\sin 0\right)$

$= -\dfrac{1}{8} \cdot 0 + \dfrac{1}{8} \cdot 0 + \dfrac{1}{4} \cdot 0 - \dfrac{1}{4} \cdot 0$ ◀ $\sin 2\pi = \sin \pi = \sin 0 = 0$

$= 0$

練習問題 12

(1) $\int_0^{\pi} \sin 2x \cos 3x \, dx$ を求めよ。

(2) $\int_0^{\frac{\pi}{2}} \cos x \cos 3x \, dx$ を求めよ。

例題 26

$\int \sin^2 x \, dx$ を求めよ。

[考え方]

まず，今までと同様に
$\underline{\sin^2 x \text{ を和 (or 差) の形にする式}}$を導いてみよう。

$\int \sin^2 x \, dx = \int \sin x \cdot \sin x \, dx$ を考え

例題 25 で求めた

$\boxed{\sin\alpha \sin\beta = -\frac{1}{2}\{\cos(\alpha+\beta) - \cos(\alpha-\beta)\} \cdots\cdots (*) \text{ に} \\ \alpha = x \text{ と } \beta = x \text{ を代入する}}$ と， ◀ $\sin x \cdot \sin x [= \sin^2 x]$ をつくる！

$\sin x \sin x = -\frac{1}{2}\{\cos(x+x) - \cos(x-x)\}$

$\Leftrightarrow \sin^2 x = -\frac{1}{2}(\cos 2x - 1)$ ◀ $\cos(x-x) = \cos 0 = \underline{1}$

$\Leftrightarrow \sin^2 x = \dfrac{1-\cos 2x}{2}$ のように ◀ $\sin^2 x$ が差の形になった！

$\sin^2 x$ を差の形にする式が得られる。

まぁ，このようにやってもいいのだが，

入試問題を解いていく過程において 特に $\int \sin^2 x \, dx$ と $\int \cos^2 x \, dx$ を 計算しなければならなくなる場合は 非常に多いのである。
だから，そのたびに，
$\sin\alpha \sin\beta = -\frac{1}{2}\{\cos(\alpha+\beta) - \cos(\alpha-\beta)\} \cdots\cdots (*)$ を
加法定理の公式から導き，さらに，上でやったように
($*$) から $\sin^2 x$ の式を導いていたら ものすごく面倒くさいよね。

三角関数の積の積分

そこで，$\sin^2 x$ と $\cos^2 x$ を和（or 差）の形にする式については例外的に 公式として覚えておこう！

Point 5.2 〈$\sin^2 x$ と $\cos^2 x$ の公式（半角の公式）〉

① $\sin^2 x = \dfrac{1-\cos 2x}{2}$

② $\cos^2 x = \dfrac{1+\cos 2x}{2}$

[解答]

$$\int \sin^2 x \, dx = \int \dfrac{1-\cos 2x}{2} dx \quad \blacktriangleleft \text{Point 5.2 ①}$$

$$= \int \left(\dfrac{1}{2} - \dfrac{1}{2}\cos 2x\right)dx$$

$$= \dfrac{1}{2}\int 1 \, dx - \dfrac{1}{2}\int \cos 2x \, dx$$

$$= \dfrac{1}{2}\cdot x - \dfrac{1}{2}\cdot \dfrac{1}{2}\sin 2x \quad \blacktriangleleft \int \cos nx \, dx = \dfrac{1}{n}\sin nx$$

$$= \dfrac{x}{2} - \dfrac{1}{4}\sin 2x \;//$$

練習問題 13

$\int \cos^2 x \, dx$ を求めよ。

例題 27

$\int \sin^4 x \, dx$ を求めよ。

[考え方]

まず，$\sin^4 x$ は $\sin x \cdot \sin x \cdot \sin x \cdot \sin x$ のように 4 つの積なので

$\int \sin^4 x \, dx$ を求めるのは大変そうだよね。

だけど，**Point 5.2** ① を使えば， ◀ $\sin^2 x = \dfrac{1-\cos 2x}{2}$

$\sin^4 x$

$= (\sin^2 x)^2$ ◀ $A^4 = (A^2)^2$

$= \left(\dfrac{1-\cos 2x}{2}\right)^2$ ◀ $\sin^2 x = \dfrac{1-\cos 2x}{2}$

$= \dfrac{1 - 2\cos 2x + \cos^2 2x}{4}$ ◀ 展開した

$= \dfrac{1}{4} - \dfrac{1}{2}\cos 2x + \dfrac{1}{4}\cos^2 2x$ のように ◀ $\cos 2x$ の 2 次式になった！

4 つの積だった $\sin^4 x$ が

$\cos 2x$ の 2 次式で書き直せるよね。 ◀ 積が 4 つから 2 つに減った！

さらに，**Point 5.2** ② を使えば， ◀ $\cos^2 \theta = \dfrac{1+\cos 2\theta}{2}$

$\sin^4 x$

$= \dfrac{1}{4} - \dfrac{1}{2}\cos 2x + \dfrac{1}{4}\cos^2 2x$

$= \dfrac{1}{4} - \dfrac{1}{2}\cos 2x + \dfrac{1}{4} \cdot \dfrac{1+\cos 4x}{2}$ ◀ $\cos^2\theta = \dfrac{1+\cos 2\theta}{2}$ に $\theta = 2x$ を代入すると

$\cos^2 2x = \dfrac{1+\cos 4x}{2}$

$$= \frac{1}{4} - \frac{1}{2}\cos 2x + \frac{1}{8}(1+\cos 4x) \quad \blacktriangleleft \frac{1}{4}\cdot\frac{1}{2} = \frac{1}{8}$$

$$= \frac{1}{4} - \frac{1}{2}\cos 2x + \frac{1}{8} + \frac{1}{8}\cos 4x \quad \blacktriangleleft 展開した$$

$$= \underline{\underline{\frac{3}{8} - \frac{1}{2}\cos 2x + \frac{1}{8}\cos 4x}} \text{ のように} \quad \blacktriangleleft \frac{1}{4}+\frac{1}{8}=\frac{2}{8}+\frac{1}{8}=\frac{3}{8}$$

cos の1次式になり，積の形がなくなった！

[解答]

$$\int \sin^4 x \, dx$$

$$= \int \left(\frac{3}{8} - \frac{1}{2}\cos 2x + \frac{1}{8}\cos 4x\right)dx \quad \blacktriangleleft [考え方]参照$$

$$= \int \frac{3}{8} dx - \int \frac{1}{2}\cos 2x \, dx + \int \frac{1}{8}\cos 4x \, dx$$

$$= \frac{3}{8}\int 1 dx - \frac{1}{2}\int \cos 2x \, dx + \frac{1}{8}\int \cos 4x \, dx$$

$$= \frac{3}{8}\cdot x - \frac{1}{2}\cdot\frac{1}{2}\sin 2x + \frac{1}{8}\cdot\frac{1}{4}\sin 4x \quad \blacktriangleleft \int \cos nx \, dx = \frac{1}{n}\sin nx$$

$$= \underline{\underline{\frac{3}{8}x - \frac{1}{4}\sin 2x + \frac{1}{32}\sin 4x}} \, /\!/$$

練習問題 14

$\int \cos^4 x \, dx$ を求めよ。

<メモ>

Section 6 $\int e^{ax}\sin bx\, dx$ と $\int e^{ax}\cos bx\, dx$ について

$\int e^{ax}\sin bx\, dx$ と $\int e^{ax}\cos bx\, dx$ は2種類の関数の積の積分なので、単純に考えたら部分積分を使って解く形である。
だけど、Section 5 でもいったように、sin や cos は微分しても積分しても消えてくれないし、e^{ax} も微分しても積分しても ae^{ax} や $\frac{1}{a}e^{ax}$ のようになるだけで消えてくれない。

つまり、$\int e^{ax}\sin bx\, dx$ や $\int e^{ax}\cos bx\, dx$ についても Section 5 の三角関数の積の積分と同様に、部分積分を使ってもうまく解くことができないのである。
(▶ 実は、解けなくはないのだが、非常に面倒くさい!)

そこで、この章では $\int e^{ax}\sin bx\, dx$ と $\int e^{ax}\cos bx\, dx$ が素早く求められるうまいやり方について解説することにしよう。

例題28

$\int e^{ax}\sin bx\, dx$ を求めよ。ただし，$a \neq 0$，$b \neq 0$ とする。

[考え方]

$\int e^{ax}\sin bx\, dx$ や $\int e^{ax}\cos bx\, dx$ については

次のように求めるのが1番速い求め方なので，
必ず以下のやり方を覚えておくこと！

$\boxed{\int e^{ax}\sin bx\, dx \text{ の求め方}}$

STEP1

$e^{ax}\sin bx$ と $e^{ax}\cos bx$ を微分する。

▶ $\boxed{\{f(x)g(x)\}' = f'(x)g(x) + f(x)g'(x)}$ より， ◀ 積の微分の公式

$(e^{ax}\sin bx)' = (e^{ax})'\sin bx + e^{ax}(\sin bx)'$

∴ $(e^{ax}\sin bx)' = ae^{ax}\sin bx + be^{ax}\cos bx$ …… ①

$(e^{ax}\cos bx)' = (e^{ax})'\cos bx + e^{ax}(\cos bx)'$

∴ $(e^{ax}\cos bx)' = ae^{ax}\cos bx - be^{ax}\sin bx$ …… ②

STEP2

$\begin{cases}(e^{ax}\sin bx)' = ae^{ax}\sin bx + be^{ax}\cos bx & \cdots\cdots ① \\ (e^{ax}\cos bx)' = ae^{ax}\cos bx - be^{ax}\sin bx & \cdots\cdots ②\end{cases}$

$e^{ax}\sin bx$ の関係式がほしいので，
①と②から不要な $e^{ax}\cos bx$ を消去する。

▶ $e^{ax}\cos bx$ を消去したいので，$\boxed{a \times ①}$ と $\boxed{b \times ②}$ を考え
$e^{ax}\cos bx$ の係数を ab にそろえると，

$$\begin{cases} a(e^{ax}\sin bx)' = a^2 e^{ax}\sin bx + \boxed{abe^{ax}\cos bx} & \cdots\cdots ①' \\ b(e^{ax}\cos bx)' = \boxed{abe^{ax}\cos bx} - b^2 e^{ax}\sin bx & \cdots\cdots ②' \end{cases}$$

が得られる。

よって，

$\boxed{①'-②'}$ より，◀不要な $ab\,e^{ax}\cos bx$ を消去する！

$\quad a(e^{ax}\sin bx)' - b(e^{ax}\cos bx)' = a^2 e^{ax}\sin bx + b^2 e^{ax}\sin bx$ ◀ $ab\,e^{ax}\cos bx$ が消えた

$\Leftrightarrow a(e^{ax}\sin bx)' - b(e^{ax}\cos bx)' = (a^2+b^2)e^{ax}\sin bx$ ◀ $e^{ax}\sin bx$ でくくった

がいえる。

さらに，両辺を a^2+b^2 で割ると ◀ $e^{ax}\sin bx$ について解く！

$$e^{ax}\sin bx = \frac{1}{a^2+b^2}\{a(e^{ax}\sin bx)' - b(e^{ax}\cos bx)'\} \quad \cdots\cdots (*)$$

が得られる。

STEP 3

$$e^{ax}\sin bx = \frac{1}{a^2+b^2}\{a(e^{ax}\sin bx)' - b(e^{ax}\cos bx)'\} \quad \cdots\cdots (*)$$

の両辺を x で積分して $\int e^{ax}\sin bx\, dx$ を求める。

▶ $\boxed{(*)\text{の両辺を }x\text{ で積分する}}$ と，◀ $\int e^{ax}\sin bx\, dx$ をつくる！

$\int e^{ax}\sin bx\, dx$

$= \int \dfrac{1}{a^2+b^2}\{a(e^{ax}\sin bx)' - b(e^{ax}\cos bx)'\}dx$

$= \int \dfrac{a}{a^2+b^2}(e^{ax}\sin bx)' dx - \int \dfrac{b}{a^2+b^2}(e^{ax}\cos bx)' dx$ ◀ $\int\{f(x)-g(x)\}dx = \int f(x)dx - \int g(x)dx$

$= \dfrac{a}{a^2+b^2}\int (e^{ax}\sin bx)' dx - \dfrac{b}{a^2+b^2}\int (e^{ax}\cos bx)' dx$ ◀ $\dfrac{a}{a^2+b^2}$ と $\dfrac{b}{a^2+b^2}$ を $\int$ の外に出した

$= \dfrac{a}{a^2+b^2}e^{ax}\sin bx - \dfrac{b}{a^2+b^2}e^{ax}\cos bx$ ◀ $\int f'(x)dx = f(x)$

[解答]

$$\begin{cases}(e^{ax}\sin bx)' = ae^{ax}\sin bx + be^{ax}\cos bx & \cdots\cdots ① \\ (e^{ax}\cos bx)' = ae^{ax}\cos bx - be^{ax}\sin bx & \cdots\cdots ②\end{cases}$$

$\boxed{a \times ① - b \times ②}$ より， ◀ $e^{ax}\cos bx$ を消去する！

$\qquad a(e^{ax}\sin bx)' - b(e^{ax}\cos bx)' = a^2 e^{ax}\sin bx + b^2 e^{ax}\sin bx$ ◀ $e^{ax}\cos bx$ が消えた

$\Leftrightarrow a(e^{ax}\sin bx)' - b(e^{ax}\cos bx)' = (a^2+b^2)e^{ax}\sin bx$ ◀ $e^{ax}\sin bx$ でくくった

$\Leftrightarrow e^{ax}\sin bx = \dfrac{1}{a^2+b^2}\{a(e^{ax}\sin bx)' - b(e^{ax}\cos bx)'\}$ ◀ $e^{ax}\sin bx$ について解いた

が得られるので，

$$\int e^{ax}\sin bx\, dx = \int \frac{1}{a^2+b^2}\{a(e^{ax}\sin bx)' - b(e^{ax}\cos bx)'\}dx \quad ◀ 両辺を x で積分した$$

$$\therefore \int e^{ax}\sin bx\, dx = \frac{1}{a^2+b^2}(ae^{ax}\sin bx - be^{ax}\cos bx) \quad ◀ \int f'(x)dx = f(x)$$

練習問題 15

$\displaystyle\int e^{ax}\cos bx\, dx$ を求めよ。ただし，$a \neq 0$，$b \neq 0$ とする。

$\int e^{ax}\sin bx\,dx$ と $\int e^{ax}\cos bx\,dx$ について　103

例題 29

$\int e^x \sin^2 x\,dx$ を求めよ。

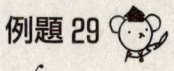

[考え方]

まず、

$\int e^x \sin^2 x\,dx$ についても、おそらく $\int e^x \sin x\,dx$ と同様に $e^x \sin^2 x$ と $e^x \cos^2 x$ を微分して求めようとする人がいるだろう。しかし、微分して求める解法はあくまで $\int e^{ax}\sin bx\,dx$ と $\int e^{ax}\cos bx\,dx$ だけについての解法なのである。だから、↰ 基本的にこの"特殊な解法"はこの2種類でしかうまくいかないから！

$\int e^x \sin^2 x\,dx$ の形のままだと、今までの知識では解けないんだ。だけど、$\int e^x \sin^2 x\,dx$ は $\int e^x \sin x\,dx$ と形が非常によく似ているよね。

もしも、$\int e^x \sin^2 x\,dx$ が $\int e^x \sin x\,dx$ や $\int e^x \cos x\,dx$ の形であったら例題 28 のように簡単に求めることができるよね。そこで $\int e^x \sin^2 x\,dx$ を $\int e^x \sin x\,dx$ や $\int e^x \cos x\,dx$ の形に変形してみよう。

まず、**Point 5.2** ① より、

$\int e^x \sin^2 x\,dx$

$= \int e^x \cdot \dfrac{1-\cos 2x}{2}\,dx$　◀ $\sin^2 x = \dfrac{1-\cos 2x}{2}$

$= \dfrac{1}{2}\int e^x\,dx - \dfrac{1}{2}\int e^x \cos 2x\,dx$　◀ $e^x \cdot \dfrac{1-\cos 2x}{2} = e^x\left(\dfrac{1}{2} - \dfrac{\cos 2x}{2}\right) = \dfrac{1}{2}e^x - \dfrac{1}{2}e^x \cos 2x$

がいえるので，

$\int e^x \sin^2 x \, dx$ を求めるためには ◀ $\int e^x \sin^2 x \, dx = \frac{1}{2} \int e^x dx - \frac{1}{2} \int e^x \cos 2x \, dx$

$\int e^x dx$ と $\int e^x \cos 2x \, dx$ を求めればいいよね。

$\int e^x dx$ と $\int e^x \cos 2x \, dx$ だったら

今までの知識で簡単に求めることができるよね。

$\boxed{\int e^x \cos 2x \, dx \text{ について}}$

$\boxed{\begin{cases} (e^x \cos 2x)' = e^x \cos 2x - 2e^x \sin 2x & \cdots\cdots ① \\ (e^x \sin 2x)' = e^x \sin 2x + 2e^x \cos 2x & \cdots\cdots ② \end{cases}}$

$\boxed{①+2×②}$ より， ◀ ①と②の $e^x \sin 2x$ の係数を2にそろえて $e^x \sin 2x$ を消去する！

$(e^x \cos 2x)' + 2(e^x \sin 2x)' = e^x \cos 2x + 4e^x \cos 2x$

$\Leftrightarrow (e^x \cos 2x)' + 2(e^x \sin 2x)' = 5e^x \cos 2x$

$\Leftrightarrow e^x \cos 2x = \frac{1}{5}\{(e^x \cos 2x)' + 2(e^x \sin 2x)'\}$ ◀ 両辺を5で割った

がいえるので， $\boxed{\text{両辺を } x \text{ で積分する}}$ と

$\int e^x \cos 2x \, dx = \int \frac{1}{5}\{(e^x \cos 2x)' + 2(e^x \sin 2x)'\} dx$

$\therefore \int e^x \cos 2x \, dx = \frac{1}{5}(e^x \cos 2x + 2e^x \sin 2x)$ ◀ $\int f'(x) dx = f(x)$

[解答]

$$\int e^x \sin^2 x \, dx$$

$$= \int e^x \cdot \frac{1-\cos 2x}{2} \, dx \quad \blacktriangleleft \text{Point 5.2 ①}$$

$$= \frac{1}{2}\int e^x dx - \frac{1}{2}\int e^x \cos 2x \, dx \quad \blacktriangleleft e^x \cdot \frac{1-\cos 2x}{2} = e^x\left(\frac{1}{2} - \frac{\cos 2x}{2}\right) = \frac{1}{2}e^x - \frac{1}{2}e^x \cos 2x$$

$$= \frac{1}{2}e^x - \frac{1}{2}\int e^x \cos 2x \, dx \quad \blacktriangleleft \int e^x dx = e^x$$

$$= \frac{1}{2}e^x - \frac{1}{2}\left\{\frac{1}{5}(e^x \cos 2x + 2e^x \sin 2x)\right\} \quad \blacktriangleleft [\text{考え方}]参照$$

$$= \frac{1}{2}e^x - \frac{1}{10}e^x \cos 2x - \frac{1}{5}e^x \sin 2x \quad \blacktriangleleft 展開した$$

練習問題 16

$\displaystyle\int_1^{e^\pi} \sin(\log x) \, dx$ を求めよ。

<メモ>

Section 7 置換積分 PART-2

　この章では, Section1の「置換積分 PART-1」に引き続いて文字の置き換えによって解く積分の問題を解説する。
　これまでは, $\sqrt{x+1} = t$ のような置き換えをすることによって今までの知識で解ける形にしていたが, 実は $= t$ のような単純な置き換えでは解けない問題も多いのである。
　そのような問題については三角関数の特性を考え, $= \sin\theta$ や $= \tan\theta$ のような三角関数による置き換えをすると解ける場合が非常に多いのである。
　そこで, この章では三角関数による特殊な置き換えによって解く問題について, 入試で必要になるすべてのパターンを解説することにしよう。

例題 30

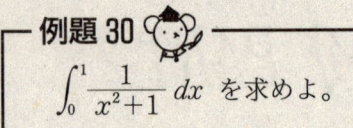

$\displaystyle\int_0^1 \frac{1}{x^2+1}\,dx$ を求めよ。

[考え方]

もしも，$\displaystyle\int \frac{1}{x^2+1}\,dx$ が $\displaystyle\int \frac{1}{x^2-1}\,dx$ だったら

$$\frac{1}{x^2-1} = \frac{1}{(x-1)(x+1)}$$ ◀ 分母を因数分解した

$$= \frac{1}{2}\left(\frac{1}{x-1} - \frac{1}{x+1}\right)$$ のように 部分分数に分解する

ことによって解くことができるけれど， ◀ Section 2 参照

$\displaystyle\int \frac{1}{x^2+1}\,dx$ は部分分数に分解できないので この解法は使えない。

また，もしも

$\displaystyle\int \frac{1}{x^2+1}\,dx$ が $\displaystyle\int \frac{x}{x^2+1}\,dx$ だったら，分母が x^2+1 であっても

$\displaystyle\int \frac{x}{x^2+1}\,dx = \int \frac{\frac{1}{2}(x^2+1)'}{x^2+1}\,dx$ ◀ $(x^2+1)'=2x$ ➡ $x=\frac{1}{2}(x^2+1)'$

$\displaystyle = \frac{1}{2}\int \frac{(x^2+1)'}{x^2+1}\,dx$ ◀ $\frac{1}{2}$ を $\int$ の外に出した

$\displaystyle = \frac{1}{2}\log(x^2+1)$ のように ◀ $\int \frac{f'(x)}{f(x)}\,dx = \log f(x)$ [ただし, $f(x)>0$]

解くことができるけれど， ◀ Section 2 参照

$\displaystyle\int \frac{1}{x^2+1}\,dx$ は分子に x がないので この解法でも解けないよね。

また，

$\displaystyle\int \frac{1}{x^2+1}\,dx$ が $\displaystyle\int \frac{1}{x}\,dx$ だったら解ける，ということで

$x^2+1 = t$ とおく人もいるだろうが，これでも解けない。

▶ $\boxed{x^2+1=t \text{ とおく}}$ と

$\quad 2x = \dfrac{dt}{dx}$ ◀ $x^2+1=t$ の両辺を x で微分した

$\Leftrightarrow dx = \dfrac{1}{2x} dt$ ◀ dx について解いた

$\Leftrightarrow dx = \dfrac{1}{2\sqrt{t-1}} dt$ より ◀ $x^2+1=t \Rightarrow x^2=t-1 \Rightarrow x=\sqrt{t-1}$

$\displaystyle\int_0^1 \dfrac{1}{x^2+1} dx = \int_1^2 \dfrac{1}{t}\left(\dfrac{1}{2\sqrt{t-1}} dt\right)$

　$x=1$ のとき $t=2$ ◀ $x^2+1=t$ に $x=1$ を代入した
　$x=0$ のとき $t=1$ ◀ $x^2+1=t$ に $x=0$ を代入した
◀ $x^2+1=t$ と $dx=\dfrac{1}{2\sqrt{t-1}}dt$ を代入した

$\quad = \displaystyle\int_1^2 \dfrac{1}{2t\sqrt{t-1}} dt$ のように ◀ ？？

よく分からない積分になる。

つまり,

$\displaystyle\int \dfrac{1}{x^2+1} dx$ のように 分母が x^2+1 である場合は

分子に x があるような 特殊な形でない限り

今までの知識では 簡単に解くことができないのである。

そこで,
分母から x^2+1 をなくす方法について考えよう。

まず,

$\boxed{\tan^2\theta + 1 = \dfrac{1}{\cos^2\theta}}$ という重要な公式は 知っているかい？

左辺の $\tan^2\theta+1$ は x^2+1 の形をしているよね。

そこで,
$\boxed{x=\tan\theta \text{ とおいてみる}}$ と,

$$\frac{1}{x^2+1} = \frac{1}{\tan^2\theta + 1}$$ ◀ $x = \tan\theta$ を代入した

$$= \frac{1}{\frac{1}{\cos^2\theta}}$$ ◀ $\tan^2\theta + 1 = \frac{1}{\cos^2\theta}$

$$= \cos^2\theta$$ のように ◀ 分母分子に $\cos^2\theta$ を掛けた

分数でなくなり，分母から x^2+1 が消えてくれた！
このように

| $\frac{1}{x^2+1}$ のような，分母に x^2+1 がある式は
$x = \tan\theta$ とおくことにより
分母の x^2+1 を消すことができる | のである。

一般に，特殊な形でない限り今までの解法では
| 分母に x^2+a^2 がある積分は求めることができない。|

そこで，分母に x^2+a^2 がある積分では，

$$\tan^2\theta + 1 = \frac{1}{\cos^2\theta}$$

$$\Leftrightarrow a^2\tan^2\theta + a^2 = \frac{a^2}{\cos^2\theta}$$ ◀ $\tan^2\theta + 1 = \frac{1}{\cos^2\theta}$ の両辺に a^2 を掛けた

$$\Leftrightarrow (\underset{x}{\underline{a\tan\theta}})^2 + a^2 = \frac{a^2}{\cos^2\theta}$$ を考え，◀ $a^2\tan^2\theta = (a\tan\theta)^2$

$x = a\tan\theta$ という置き換えをすることによって

$$\frac{1}{x^2+a^2} = \frac{1}{a^2\tan^2\theta + a^2}$$ ◀ x に $a\tan\theta$ を代入した

$$= \frac{1}{a^2(\tan^2\theta + 1)}$$ ◀ a^2 でくくった

$$= \frac{1}{a^2 \cdot \frac{1}{\cos^2\theta}}$$ ◀ $\tan^2\theta + 1 = \frac{1}{\cos^2\theta}$

$$= \frac{1}{a^2} \cdot \cos^2\theta$$ のように ◀ 分母分子に $\cos^2\theta$ を掛けた

分母から x^2+a^2 を消せばいいのである！

Point 7.1 〈分母に x^2+a^2 が入っている積分の解法〉

分母に x^2+a^2 が入っている積分において
うまい解法が見つからないときは
$x=a\tan\theta$ とおけ！

[解答]

$\int_0^1 \dfrac{1}{x^2+1} dx$ において

$\boxed{x=\tan\theta \text{ とおく}}$ と　◀[考え方]参照[Point7.1]

$\dfrac{dx}{d\theta} = \dfrac{1}{\cos^2\theta}$　◀ dxと$d\theta$の関係式を求めるために$x=\tan\theta$の両辺をθで微分した！
$\left[(\tan\theta)' = \dfrac{1}{\cos^2\theta}\ (\text{これは必ず覚えておくこと！})\right]$

$\Leftrightarrow dx = \dfrac{1}{\cos^2\theta} d\theta$ がいえるので，　◀ dxについて解いた

$\int_0^1 \dfrac{1}{x^2+1} dx$

$x=1$のとき $\theta=\dfrac{\pi}{4}$　◀ $x=\tan\theta$ に $x=1$ を代入すると $1=\tan\theta$ ∴ $\theta=\dfrac{\pi}{4}$

$= \int_0^{\frac{\pi}{4}} \dfrac{1}{\tan^2\theta+1} \left(\dfrac{1}{\cos^2\theta} d\theta\right)$　◀ $x=\tan\theta$ と $dx=\dfrac{1}{\cos^2\theta}d\theta$ を代入した

$x=0$のとき $\theta=0$　◀ $x=\tan\theta$ に $x=0$ を代入すると $0=\tan\theta$ ∴ $\theta=0$

$= \int_0^{\frac{\pi}{4}} \dfrac{1}{\frac{1}{\cos^2\theta}} \cdot \dfrac{1}{\cos^2\theta} d\theta$　◀ $\tan^2\theta+1 = \dfrac{1}{\cos^2\theta}$

$= \int_0^{\frac{\pi}{4}} \dfrac{1}{1} d\theta$　◀ $\dfrac{1}{\cos^2\theta} \cdot \cos^2\theta = 1$

$= \int_0^{\frac{\pi}{4}} 1\, d\theta$

$= \Big[\theta\Big]_0^{\frac{\pi}{4}}$

$= \dfrac{\pi}{4}$　◀ $\dfrac{\pi}{4} - 0$

[参考] $\tan^2\theta + 1 = \dfrac{1}{\cos^2\theta}$ の導き方について

$\sin^2\theta + \cos^2\theta = 1$ の両辺を $\cos^2\theta$ で割る と， ◀ $\dfrac{\sin\theta}{\cos\theta}[=\tan\theta]$ の形をつくる！

$\dfrac{\sin^2\theta}{\cos^2\theta} + 1 = \dfrac{1}{\cos^2\theta}$

∴ $\tan^2\theta + 1 = \dfrac{1}{\cos^2\theta}$ ◀ $\dfrac{\sin^2\theta}{\cos^2\theta} = \left(\dfrac{\sin\theta}{\cos\theta}\right)^2 = \tan^2\theta$

練習問題 17

$\displaystyle\int_0^2 \dfrac{1}{(x^2+4)^2}\,dx$ を求めよ。

例題 31

$\displaystyle\int_0^1 \sqrt{1-x^2}\,dx$ を求めよ。

[考え方]

まず，$\displaystyle\int \sqrt{1-x^2}\,dx$ の形のままでは よく分からないよね。

今までは，このような場合，

$\displaystyle\int \sqrt{x}\,dx$ だったら解ける，ということで

$1-x^2 = t$ という置き換えをしていたよね。

だけど，

$\displaystyle\int \sqrt{1-x^2}\,dx$ においては，今までの

$= t$ とおくような置き換えではうまく解くことができないんだ。

▶ $\boxed{1-x^2=t \text{ とおく}}$ と

$-2x = \dfrac{dt}{dx}$ ◀ $1-x^2=t$ の両辺を x で微分した

$\Leftrightarrow dx = -\dfrac{1}{2x}dt$ ◀ dx について解いた

$\Leftrightarrow dx = -\dfrac{1}{2\sqrt{1-t}}dt$ より ◀ $1-x^2=t \Rightarrow x^2=1-t \Rightarrow x=\underline{\sqrt{1-t}}$

$\displaystyle\int_0^1 \sqrt{1-x^2}\,dx$

$= \displaystyle\int_1^0 \sqrt{t}\left(-\dfrac{1}{2\sqrt{1-t}}dt\right)$
- $x=1$ のとき $\underline{t=0}$ ◀ $1-x^2=t$ に $x=1$ を代入した
- ◀ $1-x^2=t$ と $dx=-\dfrac{1}{2\sqrt{1-t}}dt$ を代入した
- $x=0$ のとき $\underline{t=1}$ ◀ $1-x^2=t$ に $x=0$ を代入した

$= \displaystyle\int_1^0 \left(-\dfrac{\sqrt{t}}{2\sqrt{1-t}}\right)dt$

$= \dfrac{1}{2}\displaystyle\int_0^1 \dfrac{\sqrt{t}}{\sqrt{1-t}}\,dt$ のように ◀ ？？

よく分からない積分になる。

つまり，特殊な形でない限り ◀ 特殊な形については Section 8 で解説します
$\underline{\sqrt{1-x^2}}$ が入っている積分は
今までの知識では簡単に解くことができないのである。

そこで，
$\underline{\sqrt{1-x^2}}$ を今までの知識を使って解ける形に変形してみよう。

まず，$\sin^2\theta + \cos^2\theta = 1$ から
$1-\sin^2\theta = \cos^2\theta$ が得られるよね。
左辺の $1-\sin^2\theta$ は $1-x^2$ の形をしているよね。

そこで，
$\boxed{x=\sin\theta \text{ とおいてみる}}$ と，

$\sqrt{1-x^2} = \sqrt{1-\sin^2\theta}$　◀ xに $\sin\theta$ を代入した！
　　　　$= \sqrt{\cos^2\theta}$　◀ $1-\sin^2\theta = \underline{\cos^2\theta}$
　　　　$= |\cos\theta|$ のように　◀ $\sqrt{A^2} = |A|$

考えにくい $\sqrt{}$ が消えてくれた！

　このように，

$\sqrt{1-x^2}$ は $x = \sin\theta$ とおくことにより　◀ $\sqrt{}$ をなくすためには $\sqrt{}$ の中身を（　）^{2} の形にすればよい！
考えにくい $\sqrt{}$ をはずすことができて，
$\sqrt{}$ のない考えやすい形にすることができる　のである。

《注》

　　$\sin^2\theta + \cos^2\theta = 1$ は

$1 - \sin^2\theta = \cos^2\theta$ と変形できるが

$1 - \cos^2\theta = \sin^2\theta$ とも変形できるよね。

そこで，

$1 - (\boxed{\cos\theta}^{\,x})^2 = \sin^2\theta$ を考え

$x = \cos\theta$ とおく と，

$\sqrt{1-x^2} = \sqrt{1-\cos^2\theta}$　◀ xに $\cos\theta$ を代入した
　　　　$= \sqrt{\sin^2\theta}$　◀ $1-\cos^2\theta = \sin^2\theta$
　　　　$= |\sin\theta|$ のように　◀ $\sqrt{A^2} = |A|$

$x = \sin\theta$ とおいた場合と同様に，考えにくい $\sqrt{}$ を消すことができる。

　つまり，

$\sqrt{1-x^2}$ から $\sqrt{}$ を消すためには

$x = \sin\theta$ とおいてもいいし

$x = \cos\theta$ とおいてもいいのである。

　一般に，特殊な形でない限り，今までの解法では
$\sqrt{a^2 - x^2}$ がある積分は 求めることができない。

そこで，$\sqrt{a^2 - x^2}$ がある積分では

　　$1 - \sin^2\theta = \cos^2\theta$

$\Leftrightarrow a^2 - a^2\sin^2\theta = a^2\cos^2\theta$　◀ $1-\sin^2\theta = \cos^2\theta$ の両辺に a^2 を掛けた

$\Leftrightarrow a^2 - (\boxed{a\sin\theta})^2 = (a\cos\theta)^2$ を考え， ◀ $a^2\sin^2\theta = (a\sin\theta)^2$
（上の枠内上に x）

$x = a\sin\theta$ という置き換えをすることによって

$\sqrt{a^2 - x^2} = \sqrt{a^2 - a^2\sin^2\theta}$ ◀ x に $a\sin\theta$ を代入した

$\quad = \sqrt{a^2(1 - \sin^2\theta)}$ ◀ a^2 でくくった

$\quad = \sqrt{a^2\cos^2\theta}$ ◀ $1 - \sin^2\theta = \cos^2\theta$

$\quad = \sqrt{(a\cos\theta)^2}$ ◀ $a^2 b^2 = (ab)^2$

$\quad = \underline{|a\cos\theta|}$ のように ◀ $\sqrt{A^2} = |A|$

考えにくい $\sqrt{}$ を消せばいいのである！

Point 7.2 〈$\sqrt{a^2 - x^2}$ が入っている積分の解法〉

$\sqrt{a^2 - x^2}$ が入っている積分において
うまい解法が見つからないときは
$x = a\sin\theta$ （または $a\cos\theta$）とおけ！

[解答]

$\displaystyle\int_0^1 \sqrt{1 - x^2}\, dx$ において

$\boxed{x = \sin\theta \text{ とおく}}$ と ◀ [考え方]参照 [Point 7.2]

$\dfrac{dx}{d\theta} = \cos\theta$ ◀ dx と $d\theta$ の関係式を求めるために $x = \sin\theta$ の両辺を θ で微分した！

$\Leftrightarrow dx = \cos\theta\, d\theta$ がいえるので， ◀ dx について解いた

$\displaystyle\int_0^1 \sqrt{1 - x^2}\, dx$

$= \displaystyle\int_0^{\frac{\pi}{2}} \sqrt{1 - \sin^2\theta}\, (\cos\theta\, d\theta)$

◀ $x = 1$ のとき $\theta = \dfrac{\pi}{2}$　◀ $x = \sin\theta$ に $x = 1$ を代入すると $1 = \sin\theta$ ∴ $\theta = \dfrac{\pi}{2}$

◀ $x = \sin\theta$ と $dx = \cos\theta\, d\theta$ を代入した

◀ $x = 0$ のとき $\theta = 0$　◀ $x = \sin\theta$ に $x = 0$ を代入すると $0 = \sin\theta$ ∴ $\theta = 0$

$= \displaystyle\int_0^{\frac{\pi}{2}} \sqrt{\cos^2\theta}\, (\cos\theta\, d\theta)$ ◀ $1 - \sin^2\theta = \cos^2\theta$

$= \displaystyle\int_0^{\frac{\pi}{2}} \cos\theta\, (\cos\theta\, d\theta)$ ◀ $0 \leqq \theta \leqq \dfrac{\pi}{2}$ のとき $\cos\theta \geqq 0$ なので，$\sqrt{\cos^2\theta} = |\cos\theta| = \underline{\cos\theta}$

$= \int_0^{\frac{\pi}{2}} \cos^2\theta \, d\theta$

$= \int_0^{\frac{\pi}{2}} \left(\frac{1+\cos 2\theta}{2} \right) d\theta$ ◀ Point 5.2 ②

$= \int_0^{\frac{\pi}{2}} \left(\frac{1}{2} + \frac{1}{2}\cos 2\theta \right) d\theta$

$= \frac{1}{2} \int_0^{\frac{\pi}{2}} 1 \, d\theta + \frac{1}{2} \int_0^{\frac{\pi}{2}} \cos 2\theta \, d\theta$

$= \frac{1}{2} \Big[\theta \Big]_0^{\frac{\pi}{2}} + \frac{1}{2} \Big[\frac{1}{2}\sin 2\theta \Big]_0^{\frac{\pi}{2}}$ ◀ $\int \cos n\theta \, d\theta = \frac{1}{n}\sin n\theta$

$= \frac{1}{2} \cdot \frac{\pi}{2} + \frac{1}{2} \left(\frac{1}{2}\sin\pi - \frac{1}{2}\sin 0 \right)$

$= \frac{\pi}{4} + \frac{1}{2} \left(\frac{1}{2} \cdot 0 - \frac{1}{2} \cdot 0 \right)$ ◀ $\sin\pi = \sin 0 = \underline{0}$

$= \frac{\pi}{4}$ //

[別解について]

実は，今回の $\int_0^1 \sqrt{1-x^2} \, dx$ という積分は図形的な意味を考えることによって一瞬で解くことができるのである。以下，その図形的に解く解法について説明しよう。

まず，$\boxed{y = \sqrt{1-x^2} \text{ のグラフ}}$ はどのような図形を表しているのか分かるかい？

$y = \sqrt{1-x^2}$ の $\boxed{両辺を2乗してみる}$ と，

$y^2 = 1 - x^2$ ◀ 両辺を2乗して 考えにくい $\sqrt{}$ をはずした！

⇔ $x^2 + y^2 = 1$ が得られる。

これは，原点を中心とする半径1の円を表しているよね。

じゃあ，$y = \sqrt{1-x^2}$ を図示してごらん。

あっ！原点を中心とする半径1の円をかいているね。ちょっと違うんだなぁ。

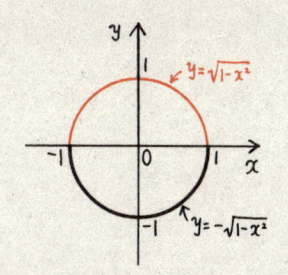

$y^2 = 1 - x^2$ を y について解いてみる と、
$y = \pm\sqrt{1-x^2}$ ◀ $A^2 = B$ ➡ $A = \pm\sqrt{B}$
になるよね。
つまり、$x^2 + y^2 = 1$ という式は
$y = \sqrt{1-x^2}$ と $y = -\sqrt{1-x^2}$ という
2つの式からできているんだ。

だから、$y = \sqrt{1-x^2}$ だけで円全体 ($x^2 + y^2 = 1$) を表すのはおかしいよね。そもそも $\sqrt{A} \geq 0$ より $y = \sqrt{1-x^2} \geq 0$ がいえる ので $y = \sqrt{1-x^2}$ が負になるわけないよね。

つまり、
$y = \sqrt{1-x^2}$ は半径1の円の上側を表している んだよ。 ◀ $\sqrt{1-x^2} \geq 0$ から $y \geq 0$ がいえるので!
また、
$y = -\sqrt{1-x^2}$ は半径1の円の下側を表している んだ。 ◀ $-\sqrt{1-x^2} \leq 0$ から $y \leq 0$ がいえるので!

この $y = \sqrt{1-x^2}$ のグラフは、意外と分からない人が多いので、この考え方は きちんと覚えておこうね。

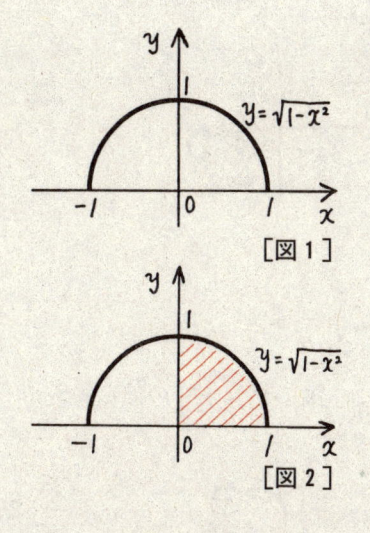

以上より、
$y = \sqrt{1-x^2}$ のグラフは [図1] のような円の上側を表していることが分かったので、

$\int_0^1 \sqrt{1-x^2}\, dx$ は [図2] の斜線部分の面積を表している ◀ 《注》を見よ
ことが分かる！

よって，

$\boxed{\int_0^1 \sqrt{1-x^2}\,dx \text{ は半径 1 の円の } \dfrac{1}{4} \text{ の部分の面積を表している}}$ ので，

$\int_0^1 \sqrt{1-x^2}\,dx = \pi \cdot 1^2 \cdot \dfrac{1}{4}$ ◀ **(半径 r の円の面積) = πr²**

$\qquad\qquad\quad = \dfrac{\pi}{4}$

このように，

$\int_0^1 \sqrt{1-x^2}\,dx$ については，積分の図形的な意味を考えれば全く積分をしないで一瞬で答えを求めることができるのである！

[別解]

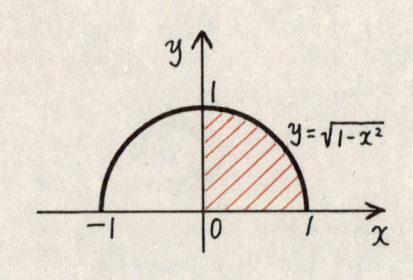

$\boxed{\int_0^1 \sqrt{1-x^2}\,dx \text{ は左図の斜線部分の面積を表している}}$ ので，

$\int_0^1 \sqrt{1-x^2}\,dx = \pi \cdot 1^2 \cdot \dfrac{1}{4}$

$\qquad\qquad\quad = \dfrac{\pi}{4}$

《注》 $\boxed{\int_0^1 \sqrt{1-x^2}\,dx \text{ の図形的な意味について}}$

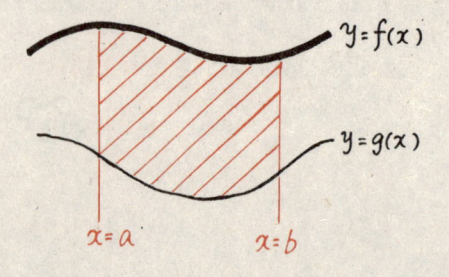

まず，

$\boxed{\int_a^b \{f(x)-g(x)\}\,dx \text{ は左図の斜線部分の面積を表している。}}$ ◀ **これは必ず覚えておくこと！**

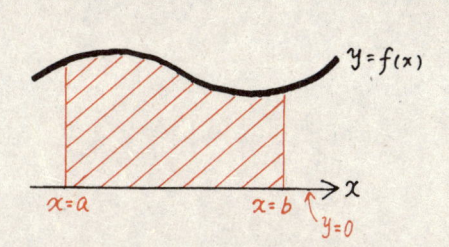

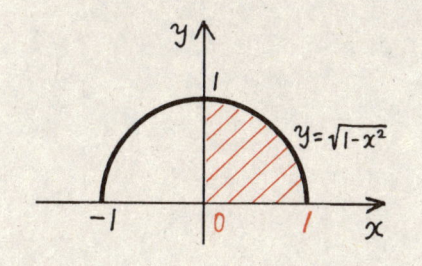

よって，$\int_a^b f(x)\,dx$ は

$\int_a^b f(x)\,dx = \int_a^b (f(x)-0)\,dx$

と書き直せるので，

$a \leqq x \leqq b$ における
$y=f(x)$ と x 軸（$y=0$）で囲まれる
部分の面積を表している。

同様に，$\int_0^1 \sqrt{1-x^2}\,dx$ は

$\int_0^1 \sqrt{1-x^2}\,dx = \int_0^1 (\sqrt{1-x^2}-0)\,dx$

と書き直せるので，左図の
斜線部分の面積を表している。

練習問題 18

$\int_0^1 \dfrac{x^2}{\sqrt{4-x^2}}\,dx$ を求めよ。

練習問題 19

$\int_0^{\frac{a}{2}} \sqrt{a^2-x^2}\,dx$ を求めよ。ただし，$a>0$ とする。

練習問題 20

$\int_0^{\frac{2}{5}} \sqrt{4-25x^2}\,dx$ を求めよ。

<メモ>

Section 8 $\int f'(x) f^n(x)\, dx$ 型の積分

　今まで いろんな積分の求め方について 解説してきた。
しかし, どの積分についても
置換しなければならなかったり,
部分積分をしなければならなかったり,
三角関数の公式を導かなければならなかったり, と
かなり 計算が 面倒な 場合が 多かった。
　今回解説する問題は 一応, 今までの知識だけでも
解ける問題である。しかし 今回の問題は 式の形が
特殊なので, 今までのような 面倒くさい 解法をする必要が
全くなく, うまい解法によって 一瞬で解けてしまうのである。
　今回は, 特殊な形をした積分のうまい 求め方について
解説することにしよう。

例題32

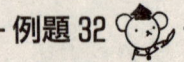

$\int \cos x \sin^n x \, dx$ を求めよ。ただし，$n \neq -1$ とする。

[考え方]

まず，問題を解く前に，この章で必要になる重要公式を導入しておこう。

$\boxed{f^{n+1}(x) \text{ を } x \text{ で微分する}}$ と

$\{f^{n+1}(x)\}' = (n+1) f'(x) f^n(x)$ ……①

になるのは知っているよね。 ◀これは必ず覚えておくこと！

さらに，①の両辺を $n+1$ で割った

$\boxed{f'(x) f^n(x) = \dfrac{1}{n+1}\{f^{n+1}(x)\}' \text{ の両辺を } x \text{ で積分する}}$ と

$\int f'(x) f^n(x) \, dx = \int \dfrac{1}{n+1}\{f^{n+1}(x)\}' \, dx$

$\Leftrightarrow \int f'(x) f^n(x) \, dx = \dfrac{1}{n+1} \int \{f^{n+1}(x)\}' \, dx$ ◀ $\dfrac{1}{n+1}$ を $\int$ の外に出した

$\Leftrightarrow \int f'(x) f^n(x) \, dx = \dfrac{1}{n+1} f^{n+1}(x)$ ……(*) ◀ $\int g'(x) dx = g(x)$

が得られる。

(*) は

$\boxed{f'(x) f^n(x) \text{ を積分すると } \dfrac{1}{n+1} f^{n+1}(x) \text{ になる}}$

ということを意味しているよね。

実は，入試問題では
$f'(x) f^n(x)$ の形をした関数の積分の問題が非常に多いのである。
だから，もしも積分しなければならない関数が
$f'(x) f^n(x)$ という特殊な形をしていたら，
今までのような面倒くさい解法をしなくても，(*) を考えれば
答えは一瞬で $\dfrac{1}{n+1} f^{n+1}(x)$ だと分かるのである。

そこで，今後は

積分の問題を見たら，まず $\int f'(x)f^n(x)\,dx$ の形になっているのか，ということを必ず check することにしよう。

> **Point 8.1** 〈$\int f'(x)f^n(x)\,dx$ の公式〉
>
> $\int f'(x)f^n(x)\,dx = \dfrac{1}{n+1}f^{n+1}(x)$ （ただし，$n \neq -1$ とする。）

以上のことを踏まえて，

実際に $\int \cos x \sin^n x\,dx$ について考えてみよう。

まず，$\int \cos x \sin^n x\,dx$ は素直に考えたら面倒くさそうだね。

だけど，$\int \cos x \sin^n x\,dx$ は $(\sin x)' = \cos x$ より

$\int (\sin x)' \sin^n x\,dx$ と書き直すことができる よね。◀ $\int f'(x)f^n(x)\,dx$ の形

つまり，

$\int \cos x \sin^n x\,dx$ は $\int f'(x)f^n(x)\,dx$ の形の積分なのである。

よって，**Point 8.1** より

$\int \cos x \sin^n x\,dx$

$= \int (\sin x)' \sin^n x\,dx$ ◀ $\cos x = (\sin x)'$

$= \dfrac{1}{n+1}\sin^{n+1} x$ のように ◀ $\int f'(x)f^n(x)\,dx = \dfrac{1}{n+1}f^{n+1}(x)$

一瞬で答えを求めることができる！

[解答]

$$\int \cos x \sin^n x \, dx = \int (\sin x)' \sin^n x \, dx \quad \blacktriangleleft \cos x = (\sin x)'$$

$$= \frac{1}{n+1} \sin^{n+1} x \quad \blacktriangleleft \int f'(x) f^n(x) dx = \frac{1}{n+1} f^{n+1}(x)$$

練習問題 21

$\int \sin x \cos^n x \, dx$ を求めよ。ただし，$n \neq -1$ とする。

例題 33

$\int \cos^3 x \sin^m x \, dx$ を求めよ。ただし，$m \neq -1, \, -3$ とする。

[考え方]

もしも，

$\int \cos^3 x \sin^m x \, dx$ が $\int \cos x \sin^m x \, dx$ だったら

$\int \cos x \sin^m x \, dx$ は $\int (\sin x)' \sin^m x \, dx$ と書き直せるので， $\blacktriangleleft \cos x = (\sin x)'$

$\int f'(x) f^n(x) \, dx$ の公式（**Point 8.1**）が使えるよね。

だけど，実際には

$\int \cos^3 x \sin^m x \, dx$ は $\int f'(x) f^n(x) \, dx$ の形ではないので

よく分からないよね。

そこで，$\int f'(x)f^n(x)\,dx$ の公式（**Point 8.1**）が使えるように

$\int \cos^3 x \sin^m x\,dx$ を $\int \cos x \sin^n x\,dx \left[=\int (\sin x)' \sin^n x\,dx\right]$ の形に

変形してみよう。

まず，

$\cos^3 x \sin^m x$ を $\cos x \sin^n x$ の形にしたいので
$\cos^3 x \sin^m x$ を $\cos x \cdot \cos^2 x \sin^m x$ と書き直そう。 ◀ cos^3x を $cosx\cdot\square$ の形にした

さらに，

$\cos^2 x \sin^m x$ を $\sin^n x$ の形にしたいので
$\cos^2 x \sin^m x$ を $(1-\sin^2 x)\sin^m x$ と書き直そう。 ◀ $cos^2x = 1 - sin^2x$

そうすると，

$\cos^3 x \sin^m x$
$= \cos x \cdot \cos^2 x \sin^m x$ ◀ cos^3x を $cosx\cdot\square$ の形にした
$= \cos x (1-\sin^2 x)\sin^m x$ ◀ $cos^2x = 1 - sin^2x$
$= \cos x (\sin^m x - \sin^{m+2} x)$ ◀ $sin^mx \cdot sin^nx = sin^{m+n}x$
$= \cos x \sin^m x - \cos x \sin^{m+2} x$ のように， ◀ 展開した

$\cos x \sin^n x [=(\sin x)'\sin^n x]$ の形が得られた！

あとは，$\int f'(x)f^n(x)\,dx$ の公式（**Point 8.1**）を使えば解けるよね。

[解答]

$\int \cos^3 x \sin^m x\,dx$

$= \int \cos x \cdot \cos^2 x \sin^m x\,dx$ ◀ cos^3x を $cosx\cdot\square$ の形にした

$= \int \cos x (1-\sin^2 x)\sin^m x\,dx$ ◀ $cos^2x = 1 - sin^2x$

$= \int \cos x (\sin^m x - \sin^{m+2} x)\,dx$ ◀ $sin^mx \cdot sin^nx = sin^{m+n}x$

$= \int \cos x \sin^m x \, dx - \int \cos x \sin^{m+2} x \, dx$ ◀ 展開した

$= \int (\sin x)' \sin^m x \, dx - \int (\sin x)' \sin^{m+2} x \, dx$ ◀ $\int f'(x) f^n(x) dx$ の形になった!

$= \dfrac{1}{m+1} \sin^{m+1} x - \dfrac{1}{m+3} \sin^{m+3} x$ ◀ $\int f'(x) f^n(x) dx = \dfrac{1}{n+1} f^{n+1}(x)$

―― 例題 34 ――

$\displaystyle\int_0^{\frac{\pi}{2}} \cos^3 x \, dx$ を求めよ。

[考え方]

もしも，

$\int \cos^3 x \, dx$ が $\int \cos x \sin^n x \, dx$ だったら

$\int \cos x \sin^n x \, dx$ は $\int (\sin x)' \sin^n x \, dx$ と書き直せるので， ◀ $\cos x = (\sin x)'$

$\int f'(x) f^n(x) \, dx$ の公式 (**Point 8.1**) が使えるよね。

だけど，実際には

$\int \cos^3 x \, dx$ は $\int f'(x) f^n(x) \, dx$ の形ではないので

よく分からないよね。

そこで， $\int f'(x) f^n(x) \, dx$ の公式 (**Point 8.1**) が使えるように

$\int \cos^3 x \, dx$ を $\int \cos x \sin^n x \, dx \left[= \int (\sin x)' \sin^n x \, dx \right]$ の形に変形してみよう。

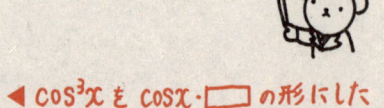

まず，

$\cos^3 x$ を $\cos x \sin^n x$ の形にしたいので
$\cos^3 x$ を $\cos x \cdot \cos^2 x$ と書き直そう。 ◀ $\cos^3 x$ を $\cos x \cdot \square$ の形にした

さらに，

> $\cos^2 x$ を $\sin^n x$ の形にしたいので $\cos^2 x$ を $(1-\sin^2 x)$ と書き直そう。 ◀ $\cos^2 x = 1 - \sin^2 x$

そうすると，

$\cos^3 x$
$= \cos x \cdot \cos^2 x$ ◀ $\cos^3 x$ を $\cos x \cdot \square$ の形にした
$= \cos x (1-\sin^2 x)$ ◀ $\cos^2 x = 1 - \sin^2 x$
$= \cos x - \cos x \sin^2 x$ のように，◀ 展開した

$\cos x \sin^n x \ [=(\sin x)' \sin^n x]$ の形が得られた！

あとは，$\int f'(x) f^n(x)\, dx$ の公式（**Point 8.1**）を使えば解けるよね。

[解答]

$\displaystyle \int_0^{\frac{\pi}{2}} \cos^3 x \, dx$

$\displaystyle = \int_0^{\frac{\pi}{2}} \cos x \cdot \cos^2 x \, dx$ ◀ $\cos^3 x$ を $\cos x \cdot \square$ の形にした

$\displaystyle = \int_0^{\frac{\pi}{2}} \cos x (1-\sin^2 x) \, dx$ ◀ $\cos^2 x = 1 - \sin^2 x$

$\displaystyle = \int_0^{\frac{\pi}{2}} \cos x \, dx - \int_0^{\frac{\pi}{2}} \cos x \sin^2 x \, dx$ ◀ 展開した

$\displaystyle = \int_0^{\frac{\pi}{2}} (\sin x)' \, dx - \int_0^{\frac{\pi}{2}} (\sin x)' \sin^2 x \, dx$ ◀ $\int f'(x) f^n(x) dx$ の形になった！

$\displaystyle = \Big[\sin x\Big]_0^{\frac{\pi}{2}} - \Big[\frac{1}{3}\sin^3 x\Big]_0^{\frac{\pi}{2}}$ ◀ $\int f'(x) f^n(x) dx = \frac{1}{n+1} f^{n+1}(x)$

$\displaystyle = 1 - \frac{1}{3}$ ◀ $\sin\frac{\pi}{2} = 1,\ \sin 0 = 0$

$\displaystyle = \frac{2}{3}$

[解説] $\sin x$ と $\cos x$ の奇数乗の式変形について

例題 33 や 例題 34 からも分かると思うけれど
$\sin^2 x = 1 - \cos^2 x$ や $\cos^2 x = 1 - \sin^2 x$ を使うことにより，

$\sin^3 x$ や $\sin^5 x$ や $\sin^7 x$ のような $\sin x$ の奇数乗は
$$\begin{cases} \sin^3 x = \sin x \cdot \sin^2 x = \sin x (1 - \cos^2 x) \\ \sin^5 x = \sin x \cdot \sin^4 x = \sin x (\sin^2 x)^2 = \sin x (1 - \cos^2 x)^2 = \sin x (1 - 2\cos^2 x + \cos^4 x) \end{cases}$$
のように
$\sin x (\boxed{\cos x \text{ の式}})$ の形に 必ず変形できるのである．

また，

$\cos^3 x$ や $\cos^5 x$ や $\cos^7 x$ のような $\cos x$ の奇数乗は
$$\begin{cases} \cos^3 x = \cos x \cdot \cos^2 x = \cos x (1 - \sin^2 x) \\ \cos^5 x = \cos x \cdot \cos^4 x = \cos x (\cos^2 x)^2 = \cos x (1 - \sin^2 x)^2 = \cos x (1 - 2\sin^2 x + \sin^4 x) \end{cases}$$
のように
$\cos x (\boxed{\sin x \text{ の式}})$ の形に 必ず変形できるのである．

[別解について]

実は，$\sin^3 x$ や $\cos^3 x$ のような $\sin x$ と $\cos x$ の 3 乗は
次の公式を使えば簡単に 1 乗の形にすることができるのである！

Point 8.2 〈3 倍角の公式〉
① $\sin 3\theta = 3\sin\theta - 4\sin^3\theta$
② $\cos 3\theta = -3\cos\theta + 4\cos^3\theta$

$\int f'(x)f^n(x)\,dx$ 型の積分

▶ 3倍角の公式の覚え方

① $\sin 3\theta = 3\sin\theta - 4\sin^3\theta$ については
「サンシャインのよしみ」と覚えるとよい。

   サン　シャ(サ)イン
$\sin 3\theta = ③\sin\theta - ④\sin^3\theta$
   の(のばす)　よ　しみ

② $\cos 3\theta = -3\cos\theta + 4\cos^3\theta$ については
「$\sin 3\theta$ の公式で $\sin$ を $\cos$ にして，符号を入れ換える」と
覚えるとよい。

① $\sin 3\theta = 3\sin\theta - 4\sin^3\theta$
↓
$\cos 3\theta = 3\cos\theta - 4\cos^3\theta$　◀ sin を cos にした！
↓
② $\cos 3\theta = -3\cos\theta + 4\cos^3\theta$　◀ 符号を入れ換えた！

Point 8.2 ② より

$\cos 3x = -3\cos x + 4\cos^3 x$

$\Leftrightarrow 4\cos^3 x = \cos 3x + 3\cos x$

$\Leftrightarrow \cos^3 x = \dfrac{1}{4}(\cos 3x + 3\cos x)$ がいえるので，　◀ $\cos^3 x$ について解いた

$\int \cos^3 x\,dx$ を求めるためには

$\int \cos 3x\,dx$ と $\int \cos x\,dx$ を求めればよい！　◀ $\int \cos nx\,dx$ は簡単に求められる！

[別解]

$\displaystyle\int_0^{\frac{\pi}{2}} \cos^3 x\,dx$

$= \displaystyle\int_0^{\frac{\pi}{2}} \dfrac{1}{4}(\cos 3x + 3\cos x)\,dx$　◀ Point 8.2 ② を使った ([別解について]参照)

$= \dfrac{1}{4}\int_0^{\frac{\pi}{2}} \cos 3x\, dx + \dfrac{3}{4}\int_0^{\frac{\pi}{2}} \cos x\, dx$ ◀ 展開した

$= \dfrac{1}{4}\left[\dfrac{1}{3}\sin 3x\right]_0^{\frac{\pi}{2}} + \dfrac{3}{4}\left[\sin x\right]_0^{\frac{\pi}{2}}$ ◀ $\int \cos nx\, dx = \dfrac{1}{n}\sin nx$

$= \dfrac{1}{12}\sin\dfrac{3}{2}\pi + \dfrac{3}{4}\sin\dfrac{\pi}{2}$ ◀ $\sin 0 = \underline{0}$

$= -\dfrac{1}{12} + \dfrac{3}{4}$ ◀ $\sin\dfrac{3}{2}\pi = \underline{-1}$, $\sin\dfrac{\pi}{2} = \underline{1}$

$= \underline{\dfrac{2}{3}}$ // ◀ $-\dfrac{1}{12} + \dfrac{9}{12} = \dfrac{8}{12} = \dfrac{2}{3}$

練習問題 22

$\int_0^{\frac{\pi}{2}} \sin^3 x\, dx$ を求めよ。

練習問題 23

$\int \cos^5 x\, dx$ を求めよ。

例題 35

$\int_0^{\frac{\pi}{2}} \dfrac{\cos^3 x}{1-\sin x}\, dx$ を求めよ。

[考え方]

まず，分母に $1-\sin x$ があったらよく分からないよね。だから，とりあえず分母の $1-\sin x$ を消したいよね。
そこで，例題 34 の [解説] (P. 128) を考え，
分子の $\cos^3 x$ を ◀ $\cos x$ の奇数乗！
$\cos^3 x = \cos x \cdot \cos^2 x$ ◀ $\cos^3 x$ を $\cos x \cdot \boxed{}$ の形にした
$ = \cos x(1-\sin^2 x)$ ◀ $\cos^2 x = 1-\sin^2 x$
と書き直すと，

(分子) $= \cos x(1-\sin^2 x)$　◀ $1-\sin^2 x$ は a^2-b^2 の形!
　　　$= \cos x(1-\sin x)(1+\sin x)$　となり　◀ $a^2-b^2=(a-b)(a+b)$
分子から $1-\sin x$ が得られる!

よって

$$\int_0^{\frac{\pi}{2}} \frac{\cos^3 x}{1-\sin x} dx$$

$$= \int_0^{\frac{\pi}{2}} \frac{\cos x(1-\sin x)(1+\sin x)}{1-\sin x} dx \quad ◀ \cos^3 x = \cos x(1-\sin x)(1+\sin x)$$

$$= \int_0^{\frac{\pi}{2}} \cos x(1+\sin x) dx \text{ のように，} \quad ◀ 分母分子の 1-\sin x を約分した!$$

分母から $1-\sin x$ を消すことができた!

あとは

$\int_0^{\frac{\pi}{2}} \cos x(1+\sin x) dx$ を求めればいいよね。

$\int_0^{\frac{\pi}{2}} \cos x(1+\sin x) dx$ は普通に展開して求めてもいいけれど

次のようにすれば，展開しないで簡単に求めることができる!

$\int_0^{\frac{\pi}{2}} \cos x(1+\sin x) dx$

$$= \int_0^{\frac{\pi}{2}} (1+\sin x)'(1+\sin x) dx \quad ◀ (1+\sin x)' = \cos x$$

$$= \left[\frac{(1+\sin x)^2}{2}\right]_0^{\frac{\pi}{2}} \quad ◀ \int_\alpha^\beta f'(x)f^n(x)dx = \left[\frac{1}{n+1}f^{n+1}(x)\right]_\alpha^\beta \ (n=1\text{の場合})$$

$$= \frac{\left(1+\sin\frac{\pi}{2}\right)^2}{2} - \frac{(1+\sin 0)^2}{2}$$

$$= \frac{(1+1)^2}{2} - \frac{(1+0)^2}{2} \quad ◀ \sin\frac{\pi}{2}=1, \sin 0 = 0$$

$$= \frac{3}{2} \quad ◀ \frac{2^2}{2} - \frac{1^2}{2} = 2 - \frac{1}{2} = \frac{3}{2}$$

[解答]

$$\int_0^{\frac{\pi}{2}} \frac{\cos^3 x}{1-\sin x}\,dx = \int_0^{\frac{\pi}{2}} \frac{\cos x \cdot \cos^2 x}{1-\sin x}\,dx \quad \blacktriangleleft \cos^3 x \text{ を } \cos x \cdot \square \text{ の形にした}$$

$$= \int_0^{\frac{\pi}{2}} \frac{\cos x\,(1-\sin^2 x)}{1-\sin x}\,dx \quad \blacktriangleleft \cos^2 x = 1-\sin^2 x$$

$$= \int_0^{\frac{\pi}{2}} \frac{\cos x\,(1-\sin x)(1+\sin x)}{1-\sin x}\,dx \quad \blacktriangleleft 1-\sin^2 x = (1-\sin x)(1+\sin x)$$

$$= \int_0^{\frac{\pi}{2}} \cos x\,(1+\sin x)\,dx \quad \blacktriangleleft \text{分母分子の } 1-\sin x \text{ を約分した!}$$

$$= \int_0^{\frac{\pi}{2}} (1+\sin x)'(1+\sin x)\,dx \quad \blacktriangleleft (1+\sin x)' = \cos x$$

$$= \left[\frac{(1+\sin x)^2}{2}\right]_0^{\frac{\pi}{2}} \quad \blacktriangleleft \int_\alpha^\beta f'(x) f^n(x)\,dx = \left[\frac{1}{n+1} f^{n+1}(x)\right]_\alpha^\beta$$

$$= \frac{(1+1)^2}{2} - \frac{(1+0)^2}{2} \quad \blacktriangleleft \sin\frac{\pi}{2} = \underline{1}, \ \sin 0 = \underline{0}$$

$$= 2 - \frac{1}{2} \quad \blacktriangleleft \frac{2^2}{2} - \frac{1^2}{2}$$

$$= \underline{\underline{\frac{3}{2}}}\,/\!/$$

[別解について]

> $1-\sin x$ に $1+\sin x$ を掛けると,
> $\quad (1-\sin x)(1+\sin x)$
> $= 1-\sin^2 x \quad \blacktriangleleft (a-b)(a+b) = a^2-b^2$
> $= \underline{\cos^2 x}$ のように $\quad \blacktriangleleft 1-\sin^2 x = \cos^2 x$
> $\cos^2 x$ をつくることができる

ので,

$\dfrac{\cos^3 x}{1-\sin x}$ の分母分子に $\dfrac{1+\sin x}{1+\sin x}[=1]$ を掛ける と,

$$\frac{\cos^3 x}{1-\sin x}\cdot\frac{1+\sin x}{1+\sin x}$$

$$=\frac{\cos^3 x(1+\sin x)}{1-\sin^2 x} \quad \blacktriangleleft (a-b)(a+b)=a^2-b^2$$

$$=\frac{\cos^3 x(1+\sin x)}{\cos^2 x} \quad \blacktriangleleft 1-\sin^2 x = \cos^2 x$$

$$=\underline{\cos x(1+\sin x)} \text{ のように} \quad \blacktriangleleft 分母分子の\cos^2 x を約分した！$$

分母から変数をなくすことができる！

[別解]

$$\int_0^{\frac{\pi}{2}}\frac{\cos^3 x}{1-\sin x}dx$$

$$=\int_0^{\frac{\pi}{2}}\frac{\cos^3 x}{1-\sin x}\cdot\frac{1+\sin x}{1+\sin x}dx \quad \blacktriangleleft 分母分子に 1+\sin x を掛けた！$$

$$=\int_0^{\frac{\pi}{2}}\frac{\cos^3 x(1+\sin x)}{1-\sin^2 x}dx \quad \blacktriangleleft (1-\sin x)(1+\sin x)=1-\sin^2 x$$

$$=\int_0^{\frac{\pi}{2}}\frac{\cos^3 x(1+\sin x)}{\cos^2 x}dx \quad \blacktriangleleft 1-\sin^2 x = \cos^2 x$$

$$=\int_0^{\frac{\pi}{2}}\cos x(1+\sin x)dx \quad \blacktriangleleft 分母分子の\cos^2 x を約分した！$$

$$=\int_0^{\frac{\pi}{2}}(1+\sin x)'(1+\sin x)dx \quad \blacktriangleleft (1+\sin x)'=\cos x$$

$$=\left[\frac{(1+\sin x)^2}{2}\right]_0^{\frac{\pi}{2}} \quad \blacktriangleleft \int_\alpha^\beta f'(x)f^n(x)dx=\left[\frac{1}{n+1}f^{n+1}(x)\right]_\alpha^\beta \quad (n=1 の場合)$$

$$=\frac{(1+1)^2}{2}-\frac{(1+0)^2}{2} \quad \blacktriangleleft \sin\frac{\pi}{2}=1,\ \sin 0=0$$

$$=2-\frac{1}{2} \quad \blacktriangleleft \frac{2^2}{2}-\frac{1^2}{2}$$

$$=\underline{\frac{3}{2}}$$

練習問題 24

$\int_0^{\frac{\pi}{2}} \dfrac{\cos^5 x}{1-\sin x}\,dx$ を求めよ。

例題 36

$\int_0^{\frac{\pi}{2}} \cos^2 x \sin 3x \, dx$ を求めよ。

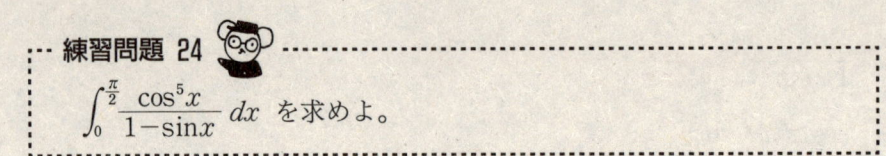

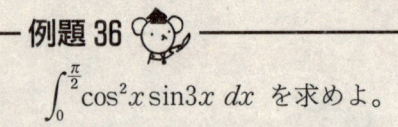

[考え方]

まず，$\cos^2 x \sin 3x$ の形だとよく分からないので

3倍角の公式 (**Point 8.2** ①) を使って
$\sin 3x$ を $3\sin x - 4\sin^3 x$ と書き直そう。 ◀ 3xの式を xの式にする!

そうすると，

$\int \cos^2 x \sin 3x \, dx$

$= \int \cos^2 x (3\sin x - 4\sin^3 x) dx$ ◀ xだけの式にした!

$= 3\int \sin x \cos^2 x \, dx - 4 \int \sin^3 x \cos^2 x \, dx$ が得られる。 ◀ 展開した

あとは，

$\int \sin x \cos^2 x \, dx$ と $\int \sin^3 x \cos^2 x \, dx$ を求めればいいよね。

$\boxed{\int \sin x \cos^2 x \, dx \text{ について}}$

$\int \sin x \cos^2 x \, dx$

$= -\int (-\sin x) \cos^2 x \, dx$ ◀ sinx = -(-sinx)

$$= -\int (\cos x)' \cos^2 x \, dx \quad \blacktriangleleft (\cos x)' = -\sin x$$

$$= -\frac{\cos^3 x}{3} \quad \blacktriangleleft \int f'(x) f^n(x) dx = \frac{1}{n+1} f^{n+1}(x)$$

$\boxed{\int \sin^3 x \cos^2 x \, dx \text{ について}}$

$$\int \sin^3 x \cos^2 x \, dx$$

$$= \int \sin x \cdot \sin^2 x \cos^2 x \, dx \quad \blacktriangleleft \text{例題34の[解説]参照}$$

$$= \int \sin x (1 - \cos^2 x) \cos^2 x \, dx \quad \blacktriangleleft \sin^2 x = 1 - \cos^2 x$$

$$= \int \sin x \cos^2 x \, dx - \int \sin x \cos^4 x \, dx \quad \blacktriangleleft \text{展開した}$$

$$= -\int (-\sin x) \cos^2 x \, dx + \int (-\sin x) \cos^4 x \, dx \quad \blacktriangleleft \sin x = -(-\sin x)$$

$$= -\int (\cos x)' \cos^2 x \, dx + \int (\cos x)' \cos^4 x \, dx \quad \blacktriangleleft (\cos x)' = -\sin x$$

$$= -\frac{\cos^3 x}{3} + \frac{\cos^5 x}{5} \quad \blacktriangleleft \int f'(x) f^n(x) dx = \frac{1}{n+1} f^{n+1}(x)$$

[解答]

$$\int_0^{\frac{\pi}{2}} \cos^2 x \sin 3x \, dx$$

$$= \int_0^{\frac{\pi}{2}} \cos^2 x (3\sin x - 4\sin^3 x) \, dx \quad \blacktriangleleft \text{Point 8.2 ①を使った}$$

$$= 3\int_0^{\frac{\pi}{2}} \sin x \cos^2 x \, dx - 4\int_0^{\frac{\pi}{2}} \sin^3 x \cos^2 x \, dx \quad \blacktriangleleft \text{展開した}$$

$$= 3\int_0^{\frac{\pi}{2}} \sin x \cos^2 x \, dx - 4\int_0^{\frac{\pi}{2}} \sin x \cdot \sin^2 x \cos^2 x \, dx \quad \blacktriangleleft \sin^3 x = \sin x \cdot \sin^2 x$$

$$=3\int_0^{\frac{\pi}{2}}\sin x\cos^2 x\,dx-4\int_0^{\frac{\pi}{2}}\sin x(1-\cos^2 x)\cos^2 x\,dx \quad \blacktriangleleft \sin^2 x=1-\cos^2 x$$

$$=3\int_0^{\frac{\pi}{2}}\sin x\cos^2 x\,dx-4\int_0^{\frac{\pi}{2}}\sin x\cos^2 x\,dx+4\int_0^{\frac{\pi}{2}}\sin x\cos^4 x\,dx \quad \blacktriangleleft 展開した$$

$$=-\int_0^{\frac{\pi}{2}}\sin x\cos^2 x\,dx+4\int_0^{\frac{\pi}{2}}\sin x\cos^4 x\,dx \quad \blacktriangleleft 整理した$$

$$=\int_0^{\frac{\pi}{2}}(-\sin x)\cos^2 x\,dx-4\int_0^{\frac{\pi}{2}}(-\sin x)\cos^4 x\,dx \quad \blacktriangleleft \sin x=-(-\sin x)$$

$$=\int_0^{\frac{\pi}{2}}(\cos x)'\cos^2 x\,dx-4\int_0^{\frac{\pi}{2}}(\cos x)'\cos^4 x\,dx \quad \blacktriangleleft (\cos x)'=-\sin x$$

$$=\left[\frac{\cos^3 x}{3}-\frac{4\cos^5 x}{5}\right]_0^{\frac{\pi}{2}} \quad \blacktriangleleft \int_\alpha^\beta f'(x)f^n(x)dx=\left[\frac{1}{n+1}f^{n+1}(x)\right]_\alpha^\beta$$

$$=(0-0)-\left(\frac{1}{3}-\frac{4}{5}\right) \quad \blacktriangleleft \cos\frac{\pi}{2}=0,\ \cos 0=1$$

$$=\frac{7}{15} \quad \blacktriangleleft \frac{1}{3}-\frac{4}{5}=\frac{5}{15}-\frac{12}{15}=-\frac{7}{15}$$

―― 例題37 ――

$\int x\sqrt{x^2+1}\,dx$ を求めよ。

[考え方]

まず,

$\int x\sqrt{x^2+1}\,dx$ は $\int x(x^2+1)^{\frac{1}{2}}\,dx$ と書き直せるよね。 ◀ $\sqrt{A}=A^{\frac{1}{2}}$

さらに,

$(x^2+1)'=2x$ を考え, $\int x(x^2+1)^{\frac{1}{2}}\,dx$ を

$\frac{1}{2}\int 2x(x^2+1)^{\frac{1}{2}}\,dx$ と書き直すと, ◀ $\frac{1}{2}\cdot 2\,[=1]$ を掛けてxの係数を2にした

$\frac{1}{2}\int 2x(x^2+1)^{\frac{1}{2}}dx$ は $\frac{1}{2}\int (x^2+1)'(x^2+1)^{\frac{1}{2}}dx$ ◀ $\frac{1}{2}\int f'(x)f^n(x)dx$ の形!

と書き直すことができるよね。

つまり，一見するとよく分からない形をしているけれど

実は $\int x\sqrt{x^2+1}\,dx$ は $\int f'(x)f^n(x)\,dx$ の形をしているんだよ。

[解答]

$\int x\sqrt{x^2+1}\,dx$

$=\int x(x^2+1)^{\frac{1}{2}}dx$ ◀ $\sqrt{A}=A^{\frac{1}{2}}$

$=\frac{1}{2}\int 2x(x^2+1)^{\frac{1}{2}}dx$ ◀ $\frac{1}{2}\cdot 2[=1]$ を掛けて x の係数を 2 にした！

$=\frac{1}{2}\int (x^2+1)'(x^2+1)^{\frac{1}{2}}dx$ ◀ $(x^2+1)'=2x$

$=\frac{1}{2}\cdot\frac{1}{\frac{3}{2}}(x^2+1)^{\frac{3}{2}}$ ◀ $\int f'(x)f^n(x)dx=\frac{1}{n+1}f^{n+1}(x)$ （$n=\frac{1}{2}$ の場合）

$=\frac{1}{3}(x^2+1)^{\frac{3}{2}}$ ◀ $\frac{1}{2}\cdot\frac{1}{\frac{3}{2}}=\frac{1}{2\cdot\frac{3}{2}}=\frac{1}{3}$

例題38

$\int \frac{x}{\sqrt{x^2+9}}\,dx$ を求めよ。

[考え方]

まず，**Point 7.1** に従うと，分母に x^2+a^2 の形があるので

$\int \frac{x}{\sqrt{x^2+9}}\,dx$ を求めるためには $x=3\tan\theta$ とおけばいいよね。

Section 8

だけど，置換積分ってちょっと面倒くさいから できれば
使いたくないよね。

実は，$\int \dfrac{x}{\sqrt{x^2+9}}\,dx$ は特殊な形なので，分母に x^2+9 があっても
次のように変形すれば 置換しなくてすむのである！

まず，

$\int \dfrac{x}{\sqrt{x^2+9}}\,dx$ は $\int \dfrac{x}{(x^2+9)^{\frac{1}{2}}}\,dx$ と書き直せる よね。

さらに，$\dfrac{1}{a^n}=a^{-n}$ を考え，

$\int \dfrac{x}{(x^2+9)^{\frac{1}{2}}}\,dx$ は $\int x(x^2+9)^{-\frac{1}{2}}\,dx$ と書き直せる よね。

$\int x(x^2+9)^{-\frac{1}{2}}\,dx$ だったら分かるよね。

$(x^2+9)'=2x$ を考え，

$\quad \int x(x^2+9)^{-\frac{1}{2}}\,dx$

$=\dfrac{1}{2}\int 2x(x^2+9)^{-\frac{1}{2}}\,dx$ ◀ $\dfrac{1}{2}\cdot 2\,[=1]$ を掛けて x の係数を 2 にした！

$=\dfrac{1}{2}\int (x^2+9)'(x^2+9)^{-\frac{1}{2}}\,dx$ ◀ $(x^2+9)'=2x$

$=\dfrac{1}{2}\cdot\dfrac{1}{\frac{1}{2}}(x^2+9)^{\frac{1}{2}}$ ◀ $\int f'(x)f^n(x)\,dx=\dfrac{1}{n+1}f^{n+1}(x)$ ($n=-\dfrac{1}{2}$ の場合)

$=(x^2+9)^{\frac{1}{2}}$ ◀ $2\cdot\dfrac{1}{2}=1$

[解答]

$$\int \frac{x}{\sqrt{x^2+9}}\,dx$$

$$=\int \frac{x}{(x^2+9)^{\frac{1}{2}}}\,dx \quad \blacktriangleleft \sqrt{A}=A^{\frac{1}{2}}$$

$$=\int x(x^2+9)^{-\frac{1}{2}}\,dx \quad \blacktriangleleft \frac{1}{a^n}=a^{-n}$$

$$=\frac{1}{2}\int 2x(x^2+9)^{-\frac{1}{2}}\,dx \quad \blacktriangleleft \frac{1}{2}\cdot 2\,[=1]\,を掛けて\,x\,の係数を\,2\,にした！$$

$$=\frac{1}{2}\int (x^2+9)'(x^2+9)^{-\frac{1}{2}}\,dx \quad \blacktriangleleft (x^2+9)'=2x$$

$$=\frac{1}{2}\cdot\frac{1}{\frac{1}{2}}(x^2+9)^{\frac{1}{2}} \quad \blacktriangleleft \int f'(x)f^n(x)\,dx=\frac{1}{n+1}f^{n+1}(x) \quad \left(n=-\frac{1}{2}\,の場合\right)$$

$$=\underline{(x^2+9)^{\frac{1}{2}}}\,// \quad \blacktriangleleft 2\cdot\frac{1}{2}=\underline{1}$$

練習問題 25

$\displaystyle\int \frac{2x}{\sqrt{9-x^2}}\,dx$ を求めよ。

例題 39

(1) $\displaystyle\int \sin x \cos x \sqrt{\cos^2 x+1}\,dx$ を求めよ。

(2) $\displaystyle\int \sin x \cos x \sqrt{\sin^2 x+1}\,dx$ を求めよ。

[考え方]

(1) いきなり $\displaystyle\int \sin x \cos x \sqrt{\cos^2 x+1}\,dx$ を求めよ，なんていっても きっとよく分からないだろうから，まずヒントを与えることにしよう。

STEP1

$\cos^2 x + 1$ を x で微分してみよ。

▶ $(\cos^2 x + 1)' = 2(\cos x)' \cos x + 0$ ◀ $\{(f(x))^n\}' = n\, f'(x)\{f(x)\}^{n-1}$

$\qquad = -2\sin x \cos x$ ◀ $(\cos x)' = -\sin x$

STEP2

$\sin x \cos x$ を $(\cos^2 x + 1)'$ を用いて表せ。

▶ $(\cos^2 x + 1)' = -2\sin x \cos x$ より

$\sin x \cos x = -\dfrac{1}{2}(\cos^2 x + 1)'$ ◀ 両辺を -2 で割った

STEP3

Step 2 の結果を使って

$\displaystyle\int \sin x \cos x \sqrt{\cos^2 x + 1}\, dx$ を求めよ。

▶ $\displaystyle\int \sin x \cos x \sqrt{\cos^2 x + 1}\, dx$

$= -\dfrac{1}{2}\displaystyle\int (\cos^2 x + 1)' \sqrt{\cos^2 x + 1}\, dx$ ◀ Step 2 の結果を使った！

$= -\dfrac{1}{2}\displaystyle\int (\cos^2 x + 1)'(\cos^2 x + 1)^{\frac{1}{2}}\, dx$ ◀ $\sqrt{A} = A^{\frac{1}{2}}$

$= -\dfrac{1}{2} \cdot \dfrac{1}{\frac{3}{2}}(\cos^2 x + 1)^{\frac{3}{2}}$ ◀ $\displaystyle\int f'(x) f^n(x)\, dx = \dfrac{1}{n+1} f^{n+1}(x)$ ($n = \dfrac{1}{2}$ の場合)

$= -\dfrac{1}{3}(\cos^2 x + 1)^{\frac{3}{2}}$ ◀ $\dfrac{1}{2} \cdot \dfrac{1}{\frac{3}{2}} = \dfrac{1}{2 \cdot \frac{3}{2}} = \dfrac{1}{3}$

何も知らなかったら，普通

$\int \sin x \cos x \sqrt{\cos^2 x + 1}\, dx$ が $\int f'(x) f^n(x)\, dx$ の形をしている

なんて気付かないよね。

だけど，$\int \sin x \cos x \sqrt{\cos^2 x + 1}\, dx$ は入試でよく出てくるので

$\int \sin x \cos x \sqrt{\cos^2 x + 1}\, dx$ が $\int f'(x) f^n(x)\, dx$ の形をしている

ということがすぐに分からなければ，ただでさえ時間が足りない試験場では非常に困ってしまうよね。

だから，$\int \sin x \cos x \sqrt{\cos^2 x + A}\, dx$ が $\int f'(x) f^n(x)\, dx$ の形をしている，ということは1つのパターンとして必ず覚えておこう。

> $\int \sin x \cos x \sqrt{\cos^2 x + A}\, dx$ は $\int f'(x) f^n(x)\, dx$ の形である！

[解答]

(1)

$$\int \sin x \cos x \sqrt{\cos^2 x + 1}\, dx$$
$$= -\frac{1}{2} \int (\cos^2 x + 1)' \sqrt{\cos^2 x + 1}\, dx \quad \blacktriangleleft \sin x \cos x = -\frac{1}{2}(\cos^2 x + 1)'$$
$$= -\frac{1}{2} \int (\cos^2 x + 1)'(\cos^2 x + 1)^{\frac{1}{2}}\, dx \quad \blacktriangleleft \sqrt{A} = A^{\frac{1}{2}}$$
$$= -\frac{1}{2} \cdot \frac{1}{\frac{3}{2}} (\cos^2 x + 1)^{\frac{3}{2}} \quad \blacktriangleleft \int f'(x) f^n(x) dx = \frac{1}{n+1} f^{n+1}(x) \ (n=\frac{1}{2}\text{の場合})$$
$$= -\frac{1}{3} (\cos^2 x + 1)^{\frac{3}{2}} \quad \blacktriangleleft \frac{1}{2} \cdot \frac{1}{\frac{3}{2}} = \frac{1}{2 \cdot \frac{3}{2}} = \frac{1}{3}$$

[考え方]

(2) まず，$\int \sin x \cos x \sqrt{\sin^2 x + 1}\, dx$ は

(1)の $\int \sin x \cos x \sqrt{\cos^2 x + 1}\, dx$ とほとんど同じ形なので，

<u>(1)と同じように考えてみよう。</u>

まず，(1)の **Step 1** に従って $(\sin^2 x + 1)$ を微分してみると，

$(\sin^2 x + 1)' = 2(\sin x)' \sin x + 0$ ◀ $\{(f(x))^n\}' = n\, f'(x)\{f(x)\}^{n-1}$

$\qquad\qquad\quad = 2\cos x \sin x$ より ◀ $(\sin x)' = \cos x$

$\underwave{\sin x \cos x = \dfrac{1}{2}(\sin^2 x + 1)'}$ ◀ 両辺を2で割って $\sin x \cos x$ について解いた

がいえる。

よって，

$\int \sin x \cos x \sqrt{\sin^2 x + 1}\, dx$

$= \dfrac{1}{2}\int (\sin^2 x + 1)' \sqrt{\sin^2 x + 1}\, dx$ ◀ $\sin x \cos x = \dfrac{1}{2}(\sin^2 x + 1)'$

$= \underwave{\dfrac{1}{2}\int (\sin^2 x + 1)'(\sin^2 x + 1)^{\frac{1}{2}}\, dx}$ のように，◀ $\sqrt{A} = A^{\frac{1}{2}}$

$\int f'(x) f^n(x)\, dx$ の形に書き直すことができた！

このように，

$\underwave{\int \sin x \cos x \sqrt{\sin^2 x + A}\, dx}$ についても $\int f'(x) f^n(x)\, dx$ の形をしている

ということが分かったね。

そこで，次のことも頭に入れておこう。

重要事項

$\int \sin x \cos x \sqrt{\sin^2 x + A}\, dx$ は $\int f'(x) f^n(x)\, dx$ の形である！

[解答]

(2) $\displaystyle\int \sin x \cos x \sqrt{\sin^2 x + 1}\, dx$

$= \dfrac{1}{2}\displaystyle\int (\sin^2 x + 1)' \sqrt{\sin^2 x + 1}\, dx$ ◀ $\sin x \cos x = \dfrac{1}{2}(\sin^2 x + 1)'$

$= \dfrac{1}{2}\displaystyle\int (\sin^2 x + 1)'(\sin^2 x + 1)^{\frac{1}{2}}\, dx$ ◀ $\sqrt{A} = A^{\frac{1}{2}}$

$= \dfrac{1}{2}\cdot\dfrac{1}{\frac{3}{2}}(\sin^2 x + 1)^{\frac{3}{2}}$ ◀ $\displaystyle\int f'(x)f^n(x)\,dx = \dfrac{1}{n+1}f^{n+1}(x)$ ($n=\dfrac{1}{2}$ の場合)

$= \underline{\underline{\dfrac{1}{3}(\sin^2 x + 1)^{\frac{3}{2}}}}$ ◀ $\dfrac{1}{2}\cdot\dfrac{1}{\frac{3}{2}} = \dfrac{1}{2\cdot\frac{3}{2}} = \dfrac{1}{3}$

練習問題 26

$\displaystyle\int \sin 2x \sqrt{\sin^2 x + 9}\, dx$ を求めよ。

例題 40

$\displaystyle\int \dfrac{\log x}{x}\, dx$ を求めよ。

[考え方]

まず，$\displaystyle\int \dfrac{\log x}{x}\, dx$ は一見するとよく分からない形をしているけれど，

練習問題 6（解答編のP.17）でもいったように，$\log x$ に関する積分は，ちょっと考えれば簡単に解けてしまう場合が多いんだったよね。

そこで，ちょっと $\dfrac{\log x}{x}$ について考えてみよう。

まず，

$\boxed{\dfrac{\log x}{x} \text{ は } \dfrac{1}{x} \cdot \log x \text{ と書き直せる}}$ よね。 ◀ $\dfrac{A}{B} = \dfrac{1}{B} \cdot A$

さらに，$(\log x)' = \dfrac{1}{x}$ を考え， ◀ $\{\log f(x)\}' = \dfrac{f'(x)}{f(x)}$

$\boxed{\dfrac{1}{x} \cdot \log x \text{ は } (\log x)' \log x \text{ と書き直せる}}$ よね。 ◀ $f'(x) f^n(x)$ の形!

つまり，$\dfrac{\log x}{x}$ は 一見すると よく分からない形だったけれど，

実は，$f'(x) f^n(x)$ の形だったんだね。

もしも，このことに気付かなかったら

$\displaystyle\int \dfrac{\log x}{x} dx$ を解くのは 少し大変そうだよね。

このように，
<u>$\log x$ に関する積分では，ちょっと考えてみることが とても重要</u>
なんだ。

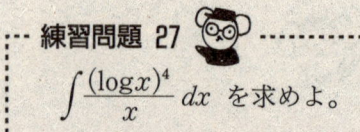

[解答]

$\displaystyle\int \dfrac{\log x}{x} dx = \int \dfrac{1}{x} \cdot \log x \, dx$ ◀ $\dfrac{A}{B} = \dfrac{1}{B} \cdot A$

$\qquad\qquad = \displaystyle\int (\log x)' \log x \, dx$ ◀ $(\log x)' = \dfrac{1}{x}$

$\qquad\qquad = \underline{\dfrac{1}{2}(\log x)^2}$ ◀ $\displaystyle\int f'(x) f^n(x) dx = \dfrac{1}{n+1} f^{n+1}(x)$ （$n=1$ の場合）

練習問題 27

$\displaystyle\int \dfrac{(\log x)^4}{x} dx$ を求めよ。

Section 9 $\int \dfrac{f'(x)}{f(x)} dx = \log f(x)$ 型 の積分 PART-2
~ e^x の分数関数の積分~

たいていの参考書だと、e^x に関する分数形の積分については、面倒くさい置換をして解いている。だけど、e^x に関する分数形の積分の問題は、少しの変形によって $\int \dfrac{f'(x)}{f(x)} dx$ の形にすることができ、簡単に解けてしまうのである。

この章では、e^x に関する分数形の積分におけるうまい解法について解説することにしよう。

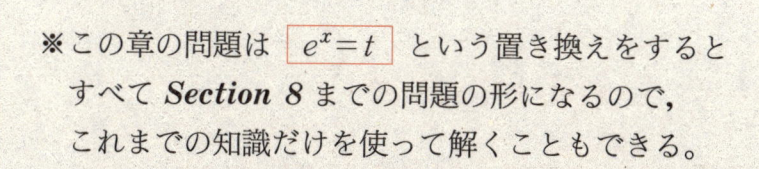

※この章の問題は $\boxed{e^x = t}$ という置き換えをするとすべて Section 8 までの問題の形になるので、これまでの知識だけを使って解くこともできる。

例題41

$\int \dfrac{e^x - e^{-x}}{e^x + e^{-x}} \, dx$ を求めよ。

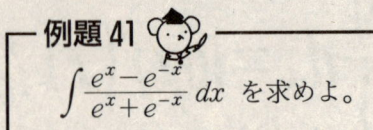

[考え方]

まず，いきなり $\int \dfrac{e^x - e^{-x}}{e^x + e^{-x}} \, dx$ を求めよ，なんていわれても よく分からないよね。

だけど，分母の $e^x + e^{-x}$ と分子の $e^x - e^{-x}$ は形がよく似ているので 何か関係がありそうだよね。

実際に，$\dfrac{e^x - e^{-x}}{e^x + e^{-x}}$ の分母の $e^x + e^{-x}$ を微分してみると

$(e^x + e^{-x})' = e^x - e^{-x}$ のように

分子の $e^x - e^{-x}$ が得られるよね。

つまり，

$\dfrac{e^x - e^{-x}}{e^x + e^{-x}}$ は $\dfrac{(e^x + e^{-x})'}{e^x + e^{-x}}$ と書き直せるので ◀ $(e^x + e^{-x})' = e^x - e^{-x}$

$\dfrac{e^x - e^{-x}}{e^x + e^{-x}}$ は $\dfrac{f'(x)}{f(x)}$ の形 なんだ。

よって，**Point 2.1** の

$\int \dfrac{f'(x)}{f(x)} \, dx = \log f(x)$ （ただし，$f(x) > 0$）を使えば

$\int \dfrac{e^x - e^{-x}}{e^x + e^{-x}} \, dx$ は簡単に求めることができるね。

[解答]

$\int \dfrac{e^x - e^{-x}}{e^x + e^{-x}} \, dx$

$= \int \dfrac{(e^x + e^{-x})'}{e^x + e^{-x}} \, dx$ ◀ $(e^x + e^{-x})' = e^x - e^{-x}$

$= \log(e^x + e^{-x})$ ◀ $\int \dfrac{f'(x)}{f(x)} \, dx = \log f(x)$ ［ただし，$f(x) > 0$］

$\int \dfrac{f'(x)}{f(x)} dx = \log f(x)$ 型の積分 PART-2 〜e^x の分数関数の積分〜

例題 42

$\displaystyle\int \dfrac{e^x}{e^x + e^{-x}} dx$ を求めよ。

[考え方]

まず，$\dfrac{e^x}{e^x + e^{-x}}$ については，

分母の $e^x + e^{-x}$ を微分しても
$(e^x + e^{-x})' = e^x - e^{-x}$ のようになり
分子の e^x にはならないよね。

つまり，

$\dfrac{e^x}{e^x + e^{-x}}$ は $\dfrac{f'(x)}{f(x)}$ の形にはなっていないので，

このままではどうやって解いたらいいのか よく分からないよね。
そこで，

$\dfrac{e^x}{e^x + e^{-x}}$ を $\dfrac{f'(x)}{f(x)}$ の形になるように変形してみよう。

まず，

$\boxed{\dfrac{e^x}{e^x + e^{-x}} \text{ の分母分子に } e^x \text{ を掛ける}}$ と ◀ 理由は[解説]で説明する

$\dfrac{e^x}{e^x + e^{-x}} \cdot \dfrac{e^x}{e^x}$ ◀ 分母分子に e^x を掛けた！

$= \dfrac{e^{2x}}{e^{2x} + 1}$ のように ◀ $e^x \cdot e^x = e^{2x}$，$e^{-x} \cdot e^x = e^0 = 1$

分母と分子の変数は e^{2x} だけになる。

さらに，

$\boxed{\dfrac{e^{2x}}{e^{2x} + 1} \text{ の分母の } e^{2x} + 1 \text{ を微分する}}$ と

$(e^{2x} + 1)' = 2e^{2x}$ になるので，

$$\frac{e^{2x}}{e^{2x}+1} = \frac{1}{2} \cdot \frac{2e^{2x}}{e^{2x}+1}$$ ◀ $\frac{1}{2}\cdot 2 [=1]$ を掛けて e^{2x} の係数を2にした！

$$= \frac{1}{2} \cdot \frac{(e^{2x}+1)'}{e^{2x}+1}$$ のように ◀ $(e^{2x}+1)' = 2e^{2x}$

$\dfrac{e^x}{e^x+e^{-x}}$ を $\dfrac{f'(x)}{f(x)}$ の形に書き直すことができた！

あとは，**Point 2.1** の

$$\int \frac{f'(x)}{f(x)} dx = \log f(x) \quad (ただし, f(x)>0) を使うだけだね。$$

[解答]

$$\int \frac{e^x}{e^x+e^{-x}} dx$$

$$= \int \frac{e^x}{e^x+e^{-x}} \cdot \frac{e^x}{e^x} dx$$ ◀ 分母分子に e^x を掛けた（[解説]を見よ！）

$$= \int \frac{e^{2x}}{e^{2x}+1} dx$$ ◀ $e^x \cdot e^x = e^{2x}$，$e^{-x} \cdot e^x = e^0 = 1$

$$= \frac{1}{2} \int \frac{2e^{2x}}{e^{2x}+1} dx$$ ◀ $\frac{1}{2}\cdot 2[=1]$ を掛けて e^{2x} の係数を2にした！

$$= \frac{1}{2} \int \frac{(e^{2x}+1)'}{e^{2x}+1} dx$$ ◀ $(e^{2x}+1)' = 2e^{2x}$

$$= \frac{1}{2} \log(e^{2x}+1)$$ ◀ $\int \dfrac{f'(x)}{f(x)} dx = \log f(x)$ [ただし, $f(x)>0$]

[解説] $\dfrac{e^x}{e^x+e^{-x}}$ の分母分子に e^x を掛ける理由について

まず，e^x に関する微分は，

$$\begin{cases} (e^x)' = e^x \\ (e^{-x})' = -e^{-x} \end{cases}$$ のように ◀ また e^x が出てきた
◀ また e^{-x} が出てきた

微分しても 全く同じ形の変数が出てきてしまうよね。

$\int \frac{f'(x)}{f(x)} dx = \log f(x)$ 型の積分 PART-2 〜e^xの分数関数の積分〜

だから，

$\frac{e^x}{e^x + e^{-x}}$ の分母の $e^x + e^{-x}$ を微分しても

$(e^x + e^{-x})' = e^x - e^{-x}$ のようになり ◀ また e^x と e^{-x} が出てきた

やっぱり2変数のままだよね。 ◀ つまり，分母（2変数）を微分しても
絶対に分子（1変数）にはならない！

一般に，e^x に関する分数において，

$\frac{f'(x)}{f(x)}$ のように分母を微分してそれが分子の形になるためには，
分母と分子の変数がすべて一致していなければならない のである。

▶ 例えば，例題41の $\frac{e^x - e^{-x}}{e^x + e^{-x}}$ では ◀ $\frac{f'(x)}{f(x)}$ の形！

分母の $e^x + e^{-x}$ は e^x と e^{-x} という2変数の式で
分子の $e^x - e^{-x}$ も e^x と e^{-x} という2変数の式
だったよね。 ◀ 分母と分子の変数がすべて一致している！

だから簡単に $\frac{f'(x)}{f(x)}$ の形になったんだ。

だけど，例題42の $\frac{e^x}{e^x + e^{-x}}$ では

分母の $e^x + e^{-x}$ は e^x と e^{-x} という2変数の式で

分子の e^x は e^x という1変数の式なので， ◀ 分母と分子の変数が
一致していない！

2変数の分母の $e^x + e^{-x}$ を微分したって

$(e^x + e^{-x})' = e^x - e^{-x}$ のようになり，1変数の分子になるわけがないよね。

そこで，

$\frac{e^x}{e^x + e^{-x}}$ の分母分子の変数が一致するように変形してみよう。

まず，$\dfrac{e^x}{e^x+e^{-x}}$ の分母と分子には

e^x という共通な変数があるけれど，
分母には e^{-x} という分子にはない変数もあるよね。

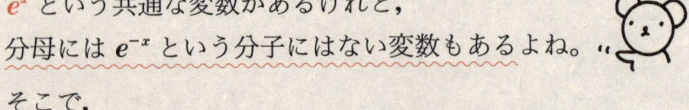

そこで，
分母にある不要な変数の e^{-x} を消去するために，

e^{-x} は e^x を掛ければ
$e^{-x} \cdot e^x = 1$ のように
変数でなくなる ことを考え，　◀ $e^{-x} \cdot e^x = e^0 = 1$

分母分子に e^x を掛ける と

$\dfrac{e^x}{e^x+e^{-x}} \cdot \dfrac{e^x}{e^x}$　　◀ 分母分子に e^x を掛けた！

$= \dfrac{e^{2x}}{e^{2x}+1}$ のように　◀ $e^x \cdot e^x = e^{2x}$, $e^{-x} \cdot e^x = e^0 = 1$

分母と分子の変数は共に e^{2x} だけになった！　◀ 分母と分子の変数がすべて一致した！
つまり，

$\dfrac{e^x}{e^x+e^{-x}}$ の分母分子に e^x を掛けたのは，

不要な変数の e^{-x} を消去して $\dfrac{f'(x)}{f(x)}$ の形をつくりたかったから

である。　◀ e^{-x} を消去すれば，分母と分子の変数がすべて一致する！

練習問題 28

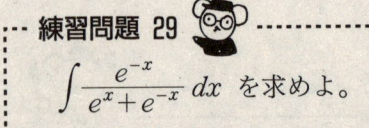

$\displaystyle\int \dfrac{e^x}{e^x+e^{a-2x}} dx$ を求めよ。

練習問題 29

$\displaystyle\int \dfrac{e^{-x}}{e^x+e^{-x}} dx$ を求めよ。

練習問題 30

$\int \dfrac{1}{e^x-1}\,dx$ を求めよ。

例題 43

$\int \dfrac{1}{e^x-e^{-x}}\,dx$ を求めよ。

[考え方]

まず，$\dfrac{1}{e^x-e^{-x}}$ については，

分子には変数が１つもないけれど
分母には e^x と e^{-x} という分子にはない変数が２つもあるよね。

分母に変数が２つもあると考えにくいから，とりあえず
どちらか１つを消去して分母の変数を１つだけにしたいよね。

そこで，一般に e^x の方が e^{-x} よりも考えやすいので，
考えにくい e^{-x} を消去してみよう。

$\boxed{\dfrac{1}{e^x-e^{-x}}\text{ の分母分子に } e^x \text{ を掛ける}}$ と， ◀ e^{-x} を消去する！

$\dfrac{1}{e^x-e^{-x}} \cdot \dfrac{e^x}{e^x}$

$= \dfrac{e^x}{e^{2x}-1}$ が得られる。 ◀ 分母の変数が１つになった！

だけど，

$\dfrac{e^x}{e^{2x}-1}$ と変形しても，まだ

分母分子に共通な変数がないのでよく分からないよね。
そこで，

さらに $\dfrac{e^x}{e^{2x}-1}$ を変形してみよう。

まず，

分母の $e^{2x}-1$ は a^2-b^2 の形をしている よね。 ◀ $e^{2x}-1 = (e^x)^2 - 1^2$

だから，$a^2-b^2=(a-b)(a+b)$ を使えば
$e^{2x}-1$ は次のように因数分解できるよね。

$$\frac{e^x}{e^{2x}-1} = \frac{e^x}{(e^x-1)(e^x+1)}$$ ◀ $e^{2x}-1 = (e^x-1)(e^x+1)$

さらに，

$\dfrac{e^x}{(e^x-1)(e^x+1)}$ は **Section 2** でもやったように，

$$\frac{e^x}{(e^x-1)(e^x+1)} = \frac{\frac{1}{2}}{e^x-1} + \frac{\frac{1}{2}}{e^x+1}$$ ◀[解説]を見よ！

のように部分分数に分けることができるよね。

以上より，

$$\int \frac{1}{e^x - e^{-x}} dx$$

$$= \int \frac{1}{e^x - e^{-x}} \cdot \frac{e^x}{e^x} dx$$ ◀分母分子に e^x を掛けた！

$$= \int \frac{e^x}{e^{2x}-1} dx$$ ◀ $e^x \cdot e^x = e^{2x}$, $e^{-x} \cdot e^x = e^0 = 1$

$$= \int \frac{e^x}{(e^x-1)(e^x+1)} dx$$ ◀ $e^{2x}-1 = (e^x-1)(e^x+1)$

$$= \int \left(\frac{\frac{1}{2}}{e^x-1} + \frac{\frac{1}{2}}{e^x+1} \right) dx$$ ◀部分分数に分けた（[解説]を見よ）

$$= \frac{1}{2}\int \frac{1}{e^x-1} dx + \frac{1}{2}\int \frac{1}{e^x+1} dx$$ が得られる。

よって，あとは $\int \dfrac{1}{e^x-1} dx$ と $\int \dfrac{1}{e^x+1} dx$ を求めればいいよね。

$\int \frac{1}{e^x-1}dx$ と $\int \frac{1}{e^x+1}dx$ だったら

練習問題30 とほとんど同じ形なので簡単に解けそうだよね。

$\boxed{\int \frac{1}{e^x-1}dx \text{ について}}$

$\int \frac{1}{e^x-1}dx$ ◀ 分母には，分子にない変数 e^x がある！

$= \int \frac{1}{e^x-1} \cdot \frac{e^{-x}}{e^{-x}} dx$ ◀ 分母分子に e^{-x} を掛けて不要な e^x を消去する！

$= \int \frac{e^{-x}}{1-e^{-x}} dx$ ◀ $e^x \cdot e^{-x} = e^0 = \underline{1}$

$= \int \frac{(1-e^{-x})'}{1-e^{-x}} dx$ ◀ $(e^{-x})' = -e^{-x}$ より $(1-e^{-x})' = e^{-x}$

$= \underline{\log|1-e^{-x}|}$ ◀ $1-e^{-x}$ は正とは限らないので $\int \frac{f'(x)}{f(x)}dx = \log f(x)$ [ただし, $f(x) \geq 0$] を使うために $|1-e^{-x}|$ としなければならない！

$\boxed{\int \frac{1}{e^x+1}dx \text{ について}}$

$\int \frac{1}{e^x+1}dx$ ◀ 分母には，分子にない変数 e^x がある！

$= \int \frac{1}{e^x+1} \cdot \frac{e^{-x}}{e^{-x}} dx$ ◀ 分母分子に e^{-x} を掛けて不要な e^x を消去する！

$= \int \frac{e^{-x}}{1+e^{-x}} dx$ ◀ $e^x \cdot e^{-x} = e^0 = \underline{1}$

$= -\int \frac{-e^{-x}}{1+e^{-x}} dx$ ◀ $-(-1)$ [$=1$] を掛けて e^{-x} の係数を -1 にした！

$= -\int \frac{(1+e^{-x})'}{1+e^{-x}} dx$ ◀ $(1+e^{-x})' = -e^{-x}$

$= \underline{-\log(1+e^{-x})}$ ◀ $\int \frac{f'(x)}{f(x)}dx = \log f(x)$ [ただし, $f(x) > 0$]

[解答]

$$\int \frac{1}{e^x - e^{-x}} dx$$

$$= \int \frac{1}{e^x - e^{-x}} \cdot \frac{e^x}{e^x} dx \quad \blacktriangleleft \text{分母分子に } e^x \text{を掛けた（[考え方]参照）}$$

$$= \int \frac{e^x}{e^{2x} - 1} dx \quad \blacktriangleleft e^x \cdot e^x = e^{2x},\ e^{-x} \cdot e^x = e^0 = 1$$

$$= \int \frac{e^x}{(e^x - 1)(e^x + 1)} dx \quad \blacktriangleleft \text{分母を因数分解した}$$

$$= \int \left(\frac{\frac{1}{2}}{e^x - 1} + \frac{\frac{1}{2}}{e^x + 1} \right) dx \quad \blacktriangleleft \text{部分分数に分けた（[解説]を見よ）}$$

$$= \frac{1}{2} \int \frac{1}{e^x - 1} dx + \frac{1}{2} \int \frac{1}{e^x + 1} dx \quad \blacktriangleleft \frac{1}{2} \text{を} \int \text{の外に出した}$$

$$= \frac{1}{2} \int \frac{1}{e^x - 1} \cdot \frac{e^{-x}}{e^{-x}} dx + \frac{1}{2} \int \frac{1}{e^x + 1} \cdot \frac{e^{-x}}{e^{-x}} dx \quad \blacktriangleleft \text{分母分子に } e^{-x} \text{を掛けて不要な } e^x \text{を消去する！}$$

$$= \frac{1}{2} \int \frac{e^{-x}}{1 - e^{-x}} dx + \frac{1}{2} \int \frac{e^{-x}}{1 + e^{-x}} dx \quad \blacktriangleleft e^x \cdot e^{-x} = e^0 = 1$$

$$= \frac{1}{2} \int \frac{e^{-x}}{1 - e^{-x}} dx - \frac{1}{2} \int \frac{-e^{-x}}{1 + e^{-x}} dx \quad \blacktriangleleft -(-1) \text{を掛けて } e^{-x} \text{の係数を} -1 \text{にした}$$

$$= \frac{1}{2} \int \frac{(1 - e^{-x})'}{1 - e^{-x}} dx - \frac{1}{2} \int \frac{(1 + e^{-x})'}{1 + e^{-x}} dx \quad \blacktriangleleft \begin{cases} (1 - e^{-x})' = e^{-x} \\ (1 + e^{-x})' = -e^{-x} \end{cases}$$

$$= \frac{1}{2} \log|1 - e^{-x}| - \frac{1}{2} \log(1 + e^{-x}) \quad \blacktriangleleft \int \frac{f'(x)}{f(x)} dx = \log f(x) \ [\text{ただし}, f(x) > 0]$$

$$= \frac{1}{2} \log\left|1 - \frac{1}{e^x}\right| - \frac{1}{2} \log\left(1 + \frac{1}{e^x}\right) \quad \blacktriangleleft e^{-x} = \frac{1}{e^x}$$

$$= \underline{\underline{\frac{1}{2} \left\{ \log\left|1 - \frac{1}{e^x}\right| - \log\left(1 + \frac{1}{e^x}\right) \right\}}} \quad \blacktriangleleft \frac{1}{2} \text{でくくった}$$

$\int \frac{f'(x)}{f(x)} dx = \log f(x)$ 型の積分 PART-2 ～e^x の分数関数の積分～

（注）

$\frac{1}{2}\left\{\log\left|1-\frac{1}{e^x}\right|-\log\left(1+\frac{1}{e^x}\right)\right\}$ は次のようにも変形できる。

$\frac{1}{2}\left\{\log\left|1-\frac{1}{e^x}\right|-\log\left(1+\frac{1}{e^x}\right)\right\}$

$=\frac{1}{2}\left(\log\left|1-\frac{1}{e^x}\right|-\log\left|1+\frac{1}{e^x}\right|\right)$ ◀ $A>0$ のとき $A=|A|$

$=\frac{1}{2}\log\frac{\left|1-\frac{1}{e^x}\right|}{\left|1+\frac{1}{e^x}\right|}$ ◀ $\log A - \log B = \log \frac{A}{B}$

$=\frac{1}{2}\log\left|\frac{1-\frac{1}{e^x}}{1+\frac{1}{e^x}}\right|$ ◀ $\frac{|A|}{|B|}=\left|\frac{A}{B}\right|$（絶対値の公式）

$=\frac{1}{2}\log\left|\frac{e^x-1}{e^x+1}\right|$ ◀ $\frac{1-\frac{1}{e^x}}{1+\frac{1}{e^x}}$ の分母分子に e^x を掛けた

[解説] $\boxed{\dfrac{e^x}{(e^x-1)(e^x+1)}=\dfrac{A}{e^x-1}+\dfrac{B}{e^x+1}}$ の A と B の求め方

$\dfrac{e^x}{(e^x-1)(e^x+1)}=\dfrac{A}{e^x-1}+\dfrac{B}{e^x+1}$

$\Leftrightarrow \dfrac{e^x}{(e^x-1)(e^x+1)}=\dfrac{(e^x+1)A+(e^x-1)B}{(e^x-1)(e^x+1)}$ ◀ 右辺の分母をそろえた

$\Leftrightarrow \dfrac{e^x}{(e^x-1)(e^x+1)}=\dfrac{Ae^x+A+Be^x-B}{(e^x-1)(e^x+1)}$ ◀ 右辺の分子を展開した

$\Leftrightarrow \dfrac{e^x}{(e^x-1)(e^x+1)}=\dfrac{(A+B)e^x+A-B}{(e^x-1)(e^x+1)}$ ◀ 右辺の分子を整理した

両辺の分母は等しいので，◀ 分母は共に $(e^x-1)(e^x+1)$ である

（左辺の分子）=（右辺の分子）を考え ◀ $\frac{a}{c}=\frac{b}{c} \Rightarrow a=b$

$e^x=(A+B)e^x+A-B$

$\Leftrightarrow (A+B-1)e^x+(A-B)=0$ ……(*) ◀ e^x について整理した

がいえる。

さらに，

(＊) は任意の x について成立するので
$$\begin{cases} A+B-1=0 \cdots\cdots ① \quad \blacktriangleleft (e^x の係数)=0 \\ A-B=0 \cdots\cdots ② \quad \blacktriangleleft (定数項)=0 \end{cases}$$
がいえる。

◀ x についての恒等式！

① と ② から

$A=B=\dfrac{1}{2}$ が得られるので，

$\dfrac{e^x}{(e^x-1)(e^x+1)} = \dfrac{A}{e^x-1} + \dfrac{B}{e^x+1}$ を考え，

$\dfrac{e^x}{(e^x-1)(e^x+1)} = \dfrac{\frac{1}{2}}{e^x-1} + \dfrac{\frac{1}{2}}{e^x+1}$ が得られる。

練習問題 31

$\displaystyle\int \dfrac{e^x-1}{e^{2x}+e^{-x}}\,dx$ を求めよ。

Section 10　三角関数の重要な積分

　この章では，一見すると難しいが，うまいやり方を知っていれば一瞬で求められる特殊な形の三角関数の積分について解説する。
　「うわぁ，まだ覚えなければならないのか」と思っている人もいるだろうが，入試問題を解く上で知っていなければならない積分の求め方は，この章ですべて修得したことになる。
　もう，本当にこれだけで終わりなので頑張ろう！

例題 44

$\displaystyle\int \dfrac{1}{\cos^2 x}\,dx$ を求めよ。

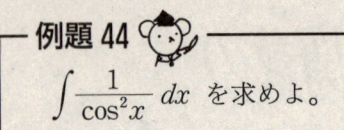

[考え方]

$\displaystyle\int \dfrac{1}{\cos^2 x}\,dx$ は一瞬で求められるのは分かるかい？

Section 3 でやったように，

$\displaystyle\int f'(x)\,dx = f(x)$ を考え，

$\displaystyle\int \dfrac{1}{\cos^2 x}\,dx = \boxed{}$ を求めるためには

$f'(x) = \dfrac{1}{\cos^2 x}$ となる（微分すると $\dfrac{1}{\cos^2 x}$ となる） $f(x)$ を見つければいい よね。 ◀ $f(x) = \boxed{}$ より

微分すると $\dfrac{1}{\cos^2 x}$ になる関数は すぐに分かるかい？

$(\tan x)' = \left(\dfrac{\sin x}{\cos x}\right)'$ ◀ $\tan x = \dfrac{\sin x}{\cos x}$

$\quad = \dfrac{\cos x \cos x - \sin x(-\sin x)}{\cos^2 x}$ ◀ $\left\{\dfrac{f(x)}{g(x)}\right\}' = \dfrac{f'(x)g(x) - f(x)g'(x)}{\{g(x)\}^2}$

$\quad = \dfrac{\cos^2 x + \sin^2 x}{\cos^2 x}$

$\quad = \dfrac{1}{\cos^2 x}$ より ◀ $\cos^2 x + \sin^2 x = 1$

微分すると $\dfrac{1}{\cos^2 x}$ になる関数は $\tan x$ だよね。

だけど，きっとほとんどの人が $\tan x$ なんて想像もつかなかったはずだよね。
つまり，受験生の多くは

$\tan x$ を微分したら $\dfrac{1}{\cos^2 x}$ になる ということが

頭に入っていないのである。"

だけど，このことが頭に入っていないと $\int \dfrac{1}{\cos^2 x}\,dx$ を簡単に求めることができないので

$\boxed{(\tan x)' = \dfrac{1}{\cos^2 x}}$ は必ず公式として覚えておくこと！

[解答]

$\int \dfrac{1}{\cos^2 x}\,dx = \int (\tan x)'\,dx$ ◀ $(\tan x)' = \dfrac{1}{\cos^2 x}$

$\qquad\qquad\quad = \underline{\tan x}$ ◀ $\int f'(x)\,dx = f(x)$

練習問題 32

(1) $\int \tan^2 x\,dx$ を求めよ。

(2) $\int \tan^3 x\,dx$ を求めよ。

例題 45

$\int_{\frac{\pi}{4}}^{\frac{\pi}{2}} \dfrac{1}{\sin^2 x}\,dx$ を求めよ。

[考え方]

微分して $\dfrac{1}{\cos^2 x}$ になる関数だったら，すぐに $\tan x$ だと分かるけれど， ◀例題44参照．

微分して $\dfrac{1}{\sin^2 x}$ になる関数なんて よく分からないよね。

つまり，僕らは

$\int \dfrac{1}{\sin^2 x} dx$ が $\int \dfrac{1}{\cos^2 x} dx$ だったら簡単に求めることができるので，

「$\int \dfrac{1}{\sin^2 x} dx$ を $\int \dfrac{1}{\cos^2 x} dx$ に変えることができたらいいなあ」と思うよね。

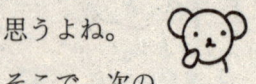

そこで，次の「$\sin x$ を cos の式に変える方法」が必要になる。

Point 10.1 〈$\sin x$ を cos の式（または，$\cos x$ を sin の式）に変える方法〉

$\sin x$ を cos の式に変える（または，$\cos x$ を sin の式に変える）ためには，x に $\dfrac{\pi}{2} - \theta$ を代入すればよい！

▶ $\boxed{\sin x \text{ に } x = \dfrac{\pi}{2} - \theta \text{ を代入する}}$ と，

$\sin x = \sin\left(\dfrac{\pi}{2} - \theta\right)$ ◀ x に $\dfrac{\pi}{2} - \theta$ を代入した

$\quad = \sin\dfrac{\pi}{2}\cos\theta - \cos\dfrac{\pi}{2}\sin\theta$ ◀ Point 5.1 の 2

$\quad = \underline{\cos\theta}$ のように ◀ $\sin\dfrac{\pi}{2} = \underline{1}$, $\cos\dfrac{\pi}{2} = \underline{0}$

$\sin x$ が cos の式になった！

$\boxed{\cos x \text{ に } x = \dfrac{\pi}{2} - \theta \text{ を代入する}}$ と，

$\cos x = \cos\left(\dfrac{\pi}{2} - \theta\right)$ ◀ x に $\dfrac{\pi}{2} - \theta$ を代入した

$\quad = \cos\dfrac{\pi}{2}\cos\theta + \sin\dfrac{\pi}{2}\sin\theta$ ◀ Point 5.1 の 4

$\quad = \underline{\sin\theta}$ のように ◀ $\cos\dfrac{\pi}{2} = \underline{0}$, $\sin\dfrac{\pi}{2} = \underline{1}$

$\cos x$ が sin の式になった！

> $\int_{\frac{\pi}{4}}^{\frac{\pi}{2}} \frac{1}{\sin^2 x} dx$ を直接求めるのは大変そうなので
> **Point 10.1** を考え,
> 例題 44 の $\int \frac{1}{\cos^2 \theta} d\theta = \tan \theta$ を使うために
> $\int_{\frac{\pi}{4}}^{\frac{\pi}{2}} \frac{1}{\sin^2 x} dx$ に $x = \frac{\pi}{2} - \theta$ という置換をする と,

$\dfrac{dx}{d\theta} = -1$ ◀ $x=\frac{\pi}{2}-\theta$ の両辺を θ で微分した

$\Leftrightarrow dx = -d\theta$ がいえるので, ◀ dxについて解いた

$\int_{\frac{\pi}{4}}^{\frac{\pi}{2}} \dfrac{1}{\sin^2 x} dx$

$= \int_{\frac{\pi}{4}}^{0} \dfrac{1}{\sin^2\left(\frac{\pi}{2}-\theta\right)} (-d\theta)$

◀ $x=\frac{\pi}{2}$のとき $\theta=0$ ◀ $x=\frac{\pi}{2}-\theta \Rightarrow \theta=\frac{\pi}{2}-x$ に $x=\frac{\pi}{2}$ を代入した

◀ $x=\frac{\pi}{2}-\theta$ と $dx=-d\theta$ を代入した

◀ $x=\frac{\pi}{4}$のとき $\theta=\frac{\pi}{4}$ ◀ $x=\frac{\pi}{2}-\theta \Rightarrow \theta=\frac{\pi}{2}-x$ に $x=\frac{\pi}{4}$ を代入した

$= -\int_{\frac{\pi}{4}}^{0} \dfrac{1}{\cos^2 \theta} d\theta$ ◀ $\sin\left(\frac{\pi}{2}-\theta\right) = \cos\theta$ ([考え方]参照)

$= \int_{0}^{\frac{\pi}{4}} \dfrac{1}{\cos^2 \theta} d\theta$ が得られる。 ◀ $-\int_{\beta}^{\alpha} f(t)dt = \int_{\alpha}^{\beta} f(t)dt$

$\int_{0}^{\frac{\pi}{4}} \dfrac{1}{\cos^2 \theta} d\theta$ だったら

例題 44 でやったように 一瞬で求められるよね。

[解答]

$\displaystyle\int_{\pi/4}^{\pi/2} \dfrac{1}{\sin^2 x}\,dx$ において

$\boxed{x = \dfrac{\pi}{2} - \theta\ \text{とおく}}$ と ◀[考え方]参照

$\dfrac{dx}{d\theta} = -1$ ◀ $x = \dfrac{\pi}{2} - \theta$ の両辺を θ で微分した

$\Leftrightarrow dx = -d\theta$ がいえるので, ◀ dx について解いた

$\displaystyle\int_{\pi/4}^{\pi/2} \dfrac{1}{\sin^2 x}\,dx$

$= \displaystyle\int_{\pi/4}^{0} \dfrac{1}{\sin^2\left(\dfrac{\pi}{2} - \theta\right)}(-d\theta)$
◀ $x = \dfrac{\pi}{2}$ のとき $\theta = 0$ ◀ $x = \dfrac{\pi}{2} - \theta \Rightarrow \theta = \dfrac{\pi}{2} - x$ に $x = \dfrac{\pi}{2}$ を代入した
◀ $x = \dfrac{\pi}{2} - \theta$ と $dx = -d\theta$ を代入した
◀ $x = \dfrac{\pi}{4}$ のとき $\theta = \dfrac{\pi}{4}$ ◀ $x = \dfrac{\pi}{2} - \theta \Rightarrow \theta = \dfrac{\pi}{2} - x$ に $x = \dfrac{\pi}{4}$ を代入した

$= -\displaystyle\int_{\pi/4}^{0} \dfrac{1}{\cos^2 \theta}\,d\theta$ ◀ $\sin\left(\dfrac{\pi}{2} - \theta\right) = \cos\theta$ ([考え方]参照)

$= \displaystyle\int_{0}^{\pi/4} \dfrac{1}{\cos^2 \theta}\,d\theta$ ◀ $-\displaystyle\int_{\beta}^{\alpha} f(t)\,dt = \displaystyle\int_{\alpha}^{\beta} f(t)\,dt$

$= \Big[\tan\theta\Big]_{0}^{\pi/4}$ ◀例題44参照

$= \tan\dfrac{\pi}{4} - \tan 0$

$= \underline{1}$ // ◀ $\tan\dfrac{\pi}{4} = \underline{1}$, $\tan 0 = \underline{0}$

三角関数の重要な積分

例題 46

$\int_0^{\frac{\pi}{2}} \sqrt{1-\cos\theta}\, d\theta$ を求めよ。

[考え方]

まず，

$\int_0^{\frac{\pi}{2}} \sqrt{1-\cos\theta}\, d\theta$ は $\sqrt{}$ がはずれないと求められそうにないよね。

だから，とりあえず

$\sqrt{1-\cos\theta}$ の $\sqrt{}$ をはずしたいのだけれど，

どうすればいいか分かるかい？

$\sqrt{1-\cos\theta}$ の $\sqrt{}$ をはずすためには

$1-\cos\theta$ を $(\ \ )^2$ の形にすればいいよね。

そこで，

$1-\cos\theta$ を $(\ \ )^2$ の形にしてみよう。

まず，$1-\cos\theta$ については

$$\boxed{\sin^2\frac{\theta}{2} = \frac{1-\cos\theta}{2}}$$ ◀ Point 5.2 ① の $\sin^2 x = \frac{1-\cos 2x}{2}$ に $x = \frac{\theta}{2}$ を代入したもの！

という重要な公式があったよね。

$\sin^2\frac{\theta}{2} = \frac{1-\cos\theta}{2}$ を $1-\cos\theta$ について解くと

$1-\cos\theta = 2\sin^2\frac{\theta}{2}$ が得られる。 ◀ 両辺を 2 倍した

さらに，

$2\sin^2\frac{\theta}{2}$ は $\left(\sqrt{2}\sin\frac{\theta}{2}\right)^2$ と書き直せるので， ◀ $2 = (\sqrt{2})^2$

$1-\cos\theta = \left(\sqrt{2}\sin\frac{\theta}{2}\right)^2$ のように

$1-\cos\theta$ を $(\ \ )^2$ の形にすることができた！

よって,

$$\int_0^{\frac{\pi}{2}} \sqrt{1-\cos\theta}\, d\theta$$

$$= \int_0^{\frac{\pi}{2}} \sqrt{\left(\sqrt{2}\sin\frac{\theta}{2}\right)^2}\, d\theta \quad \blacktriangleleft 1-\cos\theta = \left(\sqrt{2}\sin\frac{\theta}{2}\right)^2$$

$$= \int_0^{\frac{\pi}{2}} \sqrt{2}\sin\frac{\theta}{2}\, d\theta \quad \blacktriangleleft 0\leq\theta\leq\frac{\pi}{2}\text{のとき }\sin\frac{\theta}{2}\geq 0\text{なので }\sqrt{A^2}=|A|=A\,(A\geq 0)\text{が使える}$$

$$= \sqrt{2}\int_0^{\frac{\pi}{2}} \sin\frac{\theta}{2}\, d\theta \quad \text{が得られる。} \quad \blacktriangleleft \sqrt{2}\text{を}\int\text{の外に出した}$$

$\sqrt{2}\int_0^{\frac{\pi}{2}} \sin\frac{\theta}{2}\, d\theta$ だったら簡単に求められるよね。

$$\boxed{\int \sin n\theta\, d\theta = -\frac{1}{n}\cos n\theta} \quad \text{より} \quad \blacktriangleleft \text{練習問題7 (2) 参照}.$$

$$\int \sin\frac{\theta}{2}\, d\theta = -\frac{1}{\frac{1}{2}}\cos\frac{\theta}{2} \quad \blacktriangleleft n=\frac{1}{2}\text{の場合}$$

$$= -2\cos\frac{\theta}{2} \quad \blacktriangleleft \text{分母分子に2を掛けた}$$

が得られるので,

$$\sqrt{2}\int_0^{\frac{\pi}{2}} \sin\frac{\theta}{2}\, d\theta = \sqrt{2}\left[-2\cos\frac{\theta}{2}\right]_0^{\frac{\pi}{2}} \quad \blacktriangleleft \int \sin\frac{\theta}{2}\, d\theta = -2\cos\frac{\theta}{2}$$

$$= \sqrt{2}\left(-2\cos\frac{\pi}{4} + 2\cos 0\right)$$

$$= \sqrt{2}\left(-2\cdot\frac{\sqrt{2}}{2} + 2\cdot 1\right) \quad \blacktriangleleft \cos\frac{\pi}{4}=\frac{\sqrt{2}}{2},\ \cos 0=1$$

$$= \sqrt{2}(-\sqrt{2}+2)$$

$$= -2+2\sqrt{2} \quad \blacktriangleleft \text{展開した}$$

[解答]

$$\int_0^{\frac{\pi}{2}} \sqrt{1-\cos\theta}\, d\theta$$

$$=\int_0^{\frac{\pi}{2}} \sqrt{2\sin^2\frac{\theta}{2}}\, d\theta \quad \blacktriangleleft \sin^2\frac{\theta}{2}=\frac{1-\cos\theta}{2} \Rightarrow 1-\cos\theta=2\sin^2\frac{\theta}{2}$$

$$=\int_0^{\frac{\pi}{2}} \sqrt{\left(\sqrt{2}\sin\frac{\theta}{2}\right)^2}\, d\theta \quad \blacktriangleleft 2=(\sqrt{2})^2$$

$$=\sqrt{2}\int_0^{\frac{\pi}{2}} \sin\frac{\theta}{2}\, d\theta \quad \blacktriangleleft \sqrt{A^2}=|A|=A\ (A\geq 0)$$

$$=\sqrt{2}\left[-2\cos\frac{\theta}{2}\right]_0^{\frac{\pi}{2}} \quad \blacktriangleleft \int \sin n\theta\, d\theta = -\frac{1}{n}\cos n\theta$$

$$=\sqrt{2}\left(-2\cos\frac{\pi}{4}+2\cos 0\right)$$

$$=\sqrt{2}(-\sqrt{2}+2) \quad \blacktriangleleft \cos\frac{\pi}{4}=\frac{\sqrt{2}}{2},\ \cos 0 = 1$$

$$=-2+2\sqrt{2} \quad \blacktriangleleft 展開した$$

練習問題 33

(1) $\int_0^{\frac{\pi}{2}} \sqrt{1+\cos x}\, dx$ を求めよ。

(2) $\int_0^{\frac{\pi}{2}} \sqrt{1+\sin x}\, dx$ を求めよ。

Point 一覧表　〜索引にかえて〜

Point 1.1 《積分の基本公式》 ────────── (P. 2)

$$\int_\alpha^\beta x^n dx = \left[\frac{x^{n+1}}{n+1}\right]_\alpha^\beta$$

$$= \frac{\beta^{n+1}}{n+1} - \frac{\alpha^{n+1}}{n+1} \quad (ただし,\ n \neq -1\ とする。)$$

Point 1.2 《有理化による積分の解法》 ────────── (P. 15)

$\int \frac{f(x)}{g(x)} dx$ において

分母[▶ $g(x)$] が $\sqrt{\ } + \sqrt{\ }$ or $\sqrt{\ } - \sqrt{\ }$ の形になっていたら

有理化してみよ！

Point 2.1 《$\frac{f'(x)}{f(x)}$ の積分公式》 ────────── (P. 28)

$\{\log f(x)\}' = \frac{f'(x)}{f(x)}$ の両辺を x で積分すると

$\int \frac{f'(x)}{f(x)} dx = \log f(x)$ が得られる。 ◀「$\frac{f'(x)}{f(x)}$ を積分すると $\log f(x)$ になる」

(ただし, $f(x) > 0$ とする。) ◀ logの真数条件!!

Point 2.2 〈数式の原則（分子の次数下げ）〉 ──── (P. 39)

$\dfrac{f(x)}{g(x)}$ において，

(分子の $f(x)$ の次数) $\geqq$ (分母の $g(x)$ の次数) ならば，

(分子の $f(x)$ の次数) $<$ (分母の $g(x)$ の次数) となるまで

分子の次数を下げよ!!

Point 4.1 〈部分積分の公式〉 ──── (P. 74)

$$\int f(x)g(x)\,dx = F(x)g(x) - \int F(x)g'(x)\,dx$$

ただし，$F(x)$ は $f(x)$ を積分した関数とする。

Point 5.1 〈三角関数の加法定理〉 ──── (P. 89)

① $\sin(\alpha+\beta) = \sin\alpha\cos\beta + \cos\alpha\sin\beta$
② $\sin(\alpha-\beta) = \sin\alpha\cos\beta - \cos\alpha\sin\beta$
③ $\cos(\alpha+\beta) = \cos\alpha\cos\beta - \sin\alpha\sin\beta$
④ $\cos(\alpha-\beta) = \cos\alpha\cos\beta + \sin\alpha\sin\beta$

Point 5.2 〈$\sin^2 x$ と $\cos^2 x$ の公式（半角の公式）〉 ──── (P. 95)

① $\sin^2 x = \dfrac{1-\cos 2x}{2}$

② $\cos^2 x = \dfrac{1+\cos 2x}{2}$

Point 7.1 〈分母に x^2+a^2 が入っている積分の解法〉 — (P. 111)

分母に x^2+a^2 が入っている積分において
うまい解法が見つからないときは
$x=a\tan\theta$ とおけ！

Point 7.2 〈$\sqrt{a^2-x^2}$ が入っている積分の解法〉 — (P. 115)

$\sqrt{a^2-x^2}$ が入っている積分において
うまい解法が見つからないときは
$x=a\sin\theta$（または $a\cos\theta$）とおけ！

Point 8.1 〈$\int f'(x)f^n(x)dx$ の公式〉 — (P. 123)

$\int f'(x)f^n(x)\,dx = \dfrac{1}{n+1}f^{n+1}(x)$ （ただし，$n \neq -1$ とする。）

Point 8.2 〈3倍角の公式〉 — (P. 128)

① $\sin 3\theta = 3\sin\theta - 4\sin^3\theta$
② $\cos 3\theta = -3\cos\theta + 4\cos^3\theta$

Point 10.1 〈$\sin x$ を $\cos$ の式（または，$\cos x$ を $\sin$ の式）に変える方法〉 — (P. 160)

$\sin x$ を $\cos$ の式に変える（または，$\cos x$ を $\sin$ の式に変える）
ためには，x に $\dfrac{\pi}{2}-\theta$ を代入すればよい！

細野真宏の
積分[計算]が
本当によくわかる本

解答&解説編

「別冊解答・解説編」は本体にこの表紙を残したまま、ていねいに抜き取ってください。
なお、「別冊解答・解説編」抜き取りの際の損傷についてのお取り替えはご遠慮願います。

小学館

1週間集中講義シリーズ

偏差値を30UPから70に上げる数学

細野真宏の
積分[計算]が
本当によくわかる本

解答&解説

小学館

Section 1　置換積分 PART-1

1

[考え方]

(1) まず，$x\sqrt{x+3}$ は $x(x+3)^{\frac{1}{2}}$ と書き直すことができるけれどこれ以上は変形できないよね。

だけど，もしも $x(x+3)^{\frac{1}{2}}$ が $x \cdot x^{\frac{1}{2}}$ の形だったら
$x \cdot x^{\frac{1}{2}} = x^{\frac{3}{2}}$　◀ $x^m \cdot x^n = x^{m+n}$
のように変形でき，**Point 1.1** が使えるよね。

そこで，**Point 1.1** が使えるように
$(x+3)^{\frac{1}{2}}$ を $x^{\frac{1}{2}}$ の形にしたいので $x+3=t$ とおこう。

[解答]

(1) $\displaystyle\int_0^1 x\sqrt{x+3}\,dx$ において

$x+3=t$ とおく と　◀ $\begin{cases} x+3=t \Rightarrow x=t-3 \\ x+3=t \Rightarrow \sqrt{x+3}=\sqrt{t}=t^{\frac{1}{2}} \end{cases}$

$1 = \dfrac{dt}{dx}$　◀ $x+3=t$ の両辺を x で微分した！

$\Leftrightarrow dx = dt$ がいえるので，　◀ dx について解いた

$\displaystyle\int_0^1 x\sqrt{x+3}\,dx$

　　　　$x=1$ のとき $t=4$　◀ $x+3=t$ に $x=1$ を代入した
$= \displaystyle\int_3^4 (t-3)t^{\frac{1}{2}}\,dt$　◀ $x=t-3$ と $\sqrt{x+3}=t^{\frac{1}{2}}$ と $dx=dt$ を代入した
　　　　$x=0$ のとき $t=3$　◀ $x+3=t$ に $x=0$ を代入した

$= \displaystyle\int_3^4 (t^{\frac{3}{2}} - 3t^{\frac{1}{2}})\,dt$　◀ 展開した

$= \left[\dfrac{2}{5}t^{\frac{5}{2}} - 3 \cdot \dfrac{2}{3}t^{\frac{3}{2}}\right]_3^4$　◀ **Point 1.1** を使った

$= \left(\dfrac{2}{5}\cdot 4^{\frac{5}{2}} - 2\cdot 4^{\frac{3}{2}}\right) - \left(\dfrac{2}{5}\cdot 3^{\frac{5}{2}} - 2\cdot 3^{\frac{3}{2}}\right)$

$= \dfrac{2}{5}\cdot 4^{\frac{5}{2}} - 2\cdot 4^{\frac{3}{2}} - \dfrac{2}{5}\cdot \boxed{3^{\frac{5}{2}}} + 2\cdot \boxed{3^{\frac{3}{2}}}$ ◀ $3^{2+\frac{1}{2}} = 3^2\cdot 3^{\frac{1}{2}} = \underline{9\sqrt{3}}$; $3^{1+\frac{1}{2}} = 3\cdot 3^{\frac{1}{2}} = \underline{3\sqrt{3}}$

$= \dfrac{2}{5}\cdot (2^2)^{\frac{5}{2}} - 2\cdot (2^2)^{\frac{3}{2}} - \dfrac{2}{5}\cdot 9\sqrt{3} + 2\cdot 3\sqrt{3}$ ◀ $4 = 2^2$

$= \dfrac{2}{5}\cdot 2^5 - 2\cdot 2^3 - \dfrac{18}{5}\sqrt{3} + 6\sqrt{3}$

$= \dfrac{64}{5} - 16 - \dfrac{18}{5}\sqrt{3} + 6\sqrt{3}$ ◀ $2^6 = (2^3)^2 = 8^2 = \underline{64}$, $2^4 = (2^2)^2 = 4^2 = \underline{16}$

$= \underline{-\dfrac{16}{5} + \dfrac{12}{5}\sqrt{3}}$ ◀ $\dfrac{64}{5} - \dfrac{80}{5} - \dfrac{18}{5}\sqrt{3} + \dfrac{30}{5}\sqrt{3}$

[考え方]

(2) まず, $3x\sqrt[3]{1-3x}$ は $3x(1-3x)^{\frac{1}{3}}$ と書き直すことができるけれど これ以上は変形できないよね.

だけど, もしも $3x(1-3x)^{\frac{1}{3}}$ が $3x\cdot x^{\frac{1}{3}}$ の形だったら

$3x\cdot x^{\frac{1}{3}} = 3x^{\frac{4}{3}}$ ◀ $x^m\cdot x^n = x^{m+n}$

のように変形でき, **Point 1.1** が使えるよね.

そこで, **Point 1.1** が使えるように

$(1-3x)^{\frac{1}{3}}$ を $x^{\frac{1}{3}}$ の形にしたいので $1-3x=t$ とおこう.

[解答]

(2) $\displaystyle\int_0^{\frac{1}{3}} 3x\sqrt[3]{1-3x}\,dx$ において

$1-3x=t$ とおく と ◀ $\begin{cases} 1-3x=t \Rightarrow 3x=1-t \\ 1-3x=t \Rightarrow \sqrt[3]{1-3x}=\sqrt[3]{t}=t^{\frac{1}{3}} \end{cases}$

$-3 = \dfrac{dt}{dx}$ ◀ $1-3x=t$ の両辺を x で微分した!

$\Leftrightarrow dx = -\dfrac{1}{3}dt$ がいえるので, ◀ dx について解いた

$\int_0^{\frac{1}{3}} 3x\sqrt[3]{1-3x}\,dx$

$= \int_1^0 (1-t)\,t^{\frac{1}{3}}\left(-\frac{1}{3}\,dt\right)$ ◀ $x=\frac{1}{3}$ のとき $t=0$ ◀ $1-3x=t$ に $x=\frac{1}{3}$ を代入した
◀ $3x=1-t$ と $\sqrt[3]{1-3x}=t^{\frac{1}{3}}$ と $dx=-\frac{1}{3}dt$ を代入した
◀ $x=0$ のとき $t=1$ ◀ $1-3x=t$ に $x=0$ を代入した

$= -\frac{1}{3}\int_1^0 (1-t)t^{\frac{1}{3}}\,dt$ ◀ $-\frac{1}{3}$ を $\int$ の外に出した

$= \frac{1}{3}\int_0^1 (1-t)t^{\frac{1}{3}}\,dt$ ◀ $-\int_\beta^\alpha f(t)\,dt = \int_\alpha^\beta f(t)\,dt$

$= \frac{1}{3}\int_0^1 (t^{\frac{1}{3}} - t^{\frac{4}{3}})\,dt$ ◀ 展開した

$= \frac{1}{3}\left[\frac{3}{4}t^{\frac{4}{3}} - \frac{3}{7}t^{\frac{7}{3}}\right]_0^1$ ◀ Point 1.1 を使った

$= \frac{1}{3}\left(\frac{3}{4} - \frac{3}{7}\right)$

$= \frac{1}{4} - \frac{1}{7}$ ◀ $\frac{1}{3}\left(\frac{3}{4}-\frac{3}{7}\right) = \frac{1}{3}\cdot 3\left(\frac{1}{4}-\frac{1}{7}\right) = \frac{1}{4}-\frac{1}{7}$

$= \frac{3}{28}$ ◀ $\frac{7}{28} - \frac{4}{28}$

[考え方]

(3) まず，$x^2\sqrt{2x+1}$ は $x^2(2x+1)^{\frac{1}{2}}$ と書き直すことができるけれど これ以上は変形できないよね。

だけど，もしも $x^2(2x+1)^{\frac{1}{2}}$ が $x\cdot x^{\frac{1}{2}}$ の形だったら
$x^2\cdot x^{\frac{1}{2}} = x^{\frac{5}{2}}$ ◀ $x^m\cdot x^n = x^{m+n}$
のように変形でき，**Point 1.1** が使えるよね。

そこで，**Point 1.1** が使えるように
$(2x+1)^{\frac{1}{2}}$ を $x^{\frac{1}{2}}$ の形にしたいので $2x+1=t$ とおこう。

[解答]

(3) $\int_{-\frac{1}{2}}^{0} x^2 \sqrt{2x+1}\, dx$ において

$\boxed{2x+1=t \text{ とおく}}$ と ◀ $\begin{cases} 2x+1=t \Rightarrow x=\dfrac{t-1}{2} \Rightarrow x^2=\left(\dfrac{t-1}{2}\right)^2 \\ 2x+1=t \Rightarrow \sqrt{2x+1}=\sqrt{t}=t^{\frac{1}{2}} \end{cases}$

$2=\dfrac{dt}{dx}$ ◀ $2x+1=t$ の両辺を x で微分した!

$\Leftrightarrow dx=\dfrac{1}{2}dt$ がいえるので, ◀ dx について解いた

$\int_{-\frac{1}{2}}^{0} x^2\sqrt{2x+1}\,dx$

　　　　　$x=0$ のとき $t=1$ ◀ $2x+1=t$ に $x=0$ を代入した

$=\int_{0}^{1}\left(\dfrac{t-1}{2}\right)^2 t^{\frac{1}{2}}\cdot\dfrac{1}{2}\,dt$ ◀ $x^2=\left(\dfrac{t-1}{2}\right)^2$ と $\sqrt{2x+1}=t^{\frac{1}{2}}$ と $dx=\dfrac{1}{2}dt$ を代入した

　　　　　$x=-\dfrac{1}{2}$ のとき $t=0$ ◀ $2x+1=t$ に $x=-\dfrac{1}{2}$ を代入した

$=\int_{0}^{1}\dfrac{1}{4}(t^2-2t+1)t^{\frac{1}{2}}\cdot\dfrac{1}{2}\,dt$ ◀ $\left(\dfrac{t-1}{2}\right)^2$ を展開した

$=\dfrac{1}{8}\int_{0}^{1}(t^2-2t+1)t^{\frac{1}{2}}\,dt$ ◀ $\dfrac{1}{8}\left[=\dfrac{1}{4}\cdot\dfrac{1}{2}\right]$ を $\int$ の外に出した

$=\dfrac{1}{8}\int_{0}^{1}(t^{\frac{5}{2}}-2t^{\frac{3}{2}}+t^{\frac{1}{2}})\,dt$ ◀ 展開した

$=\dfrac{1}{8}\left[\dfrac{2}{7}t^{\frac{7}{2}}-2\cdot\dfrac{2}{5}t^{\frac{5}{2}}+\dfrac{2}{3}t^{\frac{3}{2}}\right]_{0}^{1}$ ◀ Point 1.1 を使った

$=\dfrac{1}{8}\left(\dfrac{2}{7}-\dfrac{4}{5}+\dfrac{2}{3}\right)$

$=\dfrac{1}{4}\left(\dfrac{1}{7}-\dfrac{2}{5}+\dfrac{1}{3}\right)$ ◀ $\dfrac{2}{7}-\dfrac{4}{5}+\dfrac{2}{3}=2\left(\dfrac{1}{7}-\dfrac{2}{5}+\dfrac{1}{3}\right)$

$=\dfrac{1}{4}\cdot\dfrac{8}{105}$ ◀ $\dfrac{1}{7}-\dfrac{2}{5}+\dfrac{1}{3}=\dfrac{15}{105}-\dfrac{42}{105}+\dfrac{35}{105}=\dfrac{8}{105}$

$=\dfrac{2}{105}$ //

2

[考え方]

この問題も **例題5** と同様に
<u>分母が $\sqrt{}-\sqrt{}$ の形になっているので 有理化できるよね。</u>

そこで，$\boxed{\dfrac{x}{\sqrt{x-1}-\sqrt{x}}}$ を有理化してみよう。

$\displaystyle\int_1^2 \dfrac{x}{\sqrt{x-1}-\sqrt{x}}\,dx$

$=\displaystyle\int_1^2 \dfrac{x}{\sqrt{x-1}-\sqrt{x}}\cdot\dfrac{\sqrt{x-1}+\sqrt{x}}{\sqrt{x-1}+\sqrt{x}}\,dx$ ◀ 有理化するために $\dfrac{\sqrt{x-1}+\sqrt{x}}{\sqrt{x-1}+\sqrt{x}}[=1]$ を掛けた！

$=\displaystyle\int_1^2 \dfrac{x(\sqrt{x-1}+\sqrt{x})}{(\sqrt{x-1})^2-(\sqrt{x})^2}\,dx$ ◀ $(a-b)(a+b)=a^2-b^2$

$=\displaystyle\int_1^2 \dfrac{x\sqrt{x-1}+x\sqrt{x}}{x-1-x}\,dx$ ◀ 展開した

$=\displaystyle\int_1^2 \dfrac{x\sqrt{x-1}+x\sqrt{x}}{-1}\,dx$

$=-\displaystyle\int_1^2 (x\sqrt{x-1}+x\sqrt{x})\,dx$

$=-\displaystyle\int_1^2 x\sqrt{x-1}\,dx-\int_1^2 x\sqrt{x}\,dx$

$\displaystyle\int_1^2 x\sqrt{x-1}\,dx$ と $\displaystyle\int_1^2 x\sqrt{x}\,dx$ だったら簡単だよね。

まず，$\displaystyle\int_1^2 x\sqrt{x-1}\,dx$ は **例題4** で求めているよね。

また，$\displaystyle\int_1^2 x\sqrt{x}\,dx$ は，

$\displaystyle\int_1^2 x\sqrt{x}\,dx$

$=\displaystyle\int_1^2 x\cdot x^{\frac{1}{2}}\,dx$ ◀ $\sqrt{x}=x^{\frac{1}{2}}$

$$= \int_1^2 x^{\frac{3}{2}}\, dx \quad \blacktriangleleft\ x^m \cdot x^n = x^{m+n}$$

と書き直せるので，**Point 1.1** が使えるよね．

[解答]

$$\int_1^2 \frac{x}{\sqrt{x-1}-\sqrt{x}}\, dx$$

$$= \int_1^2 \frac{x}{\sqrt{x-1}-\sqrt{x}} \cdot \frac{\sqrt{x-1}+\sqrt{x}}{\sqrt{x-1}+\sqrt{x}}\, dx \quad \blacktriangleleft\ 有理化するために \frac{\sqrt{x-1}+\sqrt{x}}{\sqrt{x-1}+\sqrt{x}}[=1]\ を掛けた！$$

$$= \int_1^2 \frac{x(\sqrt{x-1}+\sqrt{x})}{x-1-x}\, dx \quad \blacktriangleleft\ (\sqrt{a}-\sqrt{b})(\sqrt{a}+\sqrt{b})=a-b$$

$$= -\int_1^2 (x\sqrt{x-1}+x\sqrt{x})\, dx$$

$$= -\int_1^2 x\sqrt{x-1}\, dx - \int_1^2 x\sqrt{x}\, dx$$

$$= -\frac{16}{15} - \int_1^2 x\sqrt{x}\, dx \quad \blacktriangleleft\ 例題4の結果\left[\int_1^2 x\sqrt{x-1}\, dx = \frac{16}{15}\right]\ を使った$$

$$= -\frac{16}{15} - \int_1^2 x \cdot x^{\frac{1}{2}}\, dx \quad \blacktriangleleft\ \sqrt{x} = x^{\frac{1}{2}}$$

$$= -\frac{16}{15} - \int_1^2 x^{\frac{3}{2}}\, dx \quad \blacktriangleleft\ x^m \cdot x^n = x^{m+n}$$

$$= -\frac{16}{15} - \left[\frac{2}{5} x^{\frac{5}{2}}\right]_1^2 \quad \blacktriangleleft\ \text{Point 1.1 を使った}$$

$$= -\frac{16}{15} - \left(\frac{2}{5}\cdot 2^{\frac{5}{2}} - \frac{2}{5}\cdot 1\right) \quad \blacktriangleleft\ 2^{2+\frac{1}{2}} = 2^2 \cdot 2^{\frac{1}{2}} = 4\sqrt{2}$$

$$= -\frac{16}{15} - \frac{8}{5}\sqrt{2} + \frac{2}{5} \quad \blacktriangleleft\ \frac{2}{5}\cdot 2^{\frac{5}{2}} = \frac{2}{5}\cdot 4\sqrt{2} = \frac{8}{5}\sqrt{2}$$

$$= -\frac{10}{15} - \frac{8}{5}\sqrt{2} \quad \blacktriangleleft\ -\frac{16}{15} - \frac{8}{5}\sqrt{2} + \frac{6}{15}$$

$$= -\frac{2}{3} - \frac{8}{5}\sqrt{2} \quad //$$

3

[解 I]

(1) $\int_{-1}^{0} \dfrac{x-1}{\sqrt[3]{x+1}}\, dx$ において

$\boxed{x+1=t \text{ とおく}}$ と ◀ $\begin{cases} x+1=t \Rightarrow x-1=\underline{t-2} \\ x+1=t \Rightarrow \sqrt[3]{x+1}=\underline{\sqrt[3]{t}} \end{cases}$

$1 = \dfrac{dt}{dx}$ ◀ dx と dt の関係式を求めるために $x+1=t$ の両辺を x で微分した！

$\Leftrightarrow dx = dt$ がいえるので, ◀ dx について解いた

$\int_{-1}^{0} \dfrac{x-1}{\sqrt[3]{x+1}}\, dx$

　　　　　　　　　　$x=0$ のとき $\underline{t=1}$ ◀ $x+1=t$ に $x=0$ を代入した
$= \int_{0}^{1} \dfrac{t-2}{\sqrt[3]{t}}\, dt$ ◀ $x-1=t-2$ と $\sqrt[3]{x+1}=\sqrt[3]{t}$ と $dx=dt$ を代入した
　　　　　　　　　　$x=-1$ のとき $\underline{t=0}$ ◀ $x+1=t$ に $x=-1$ を代入した

$= \int_{0}^{1} \left(\dfrac{t}{\sqrt[3]{t}} - \dfrac{2}{\sqrt[3]{t}} \right) dt$

$= \int_{0}^{1} \left(\dfrac{t}{t^{\frac{1}{3}}} - \dfrac{2}{t^{\frac{1}{3}}} \right) dt$ ◀ $\sqrt[3]{t} = t^{\frac{1}{3}}$

$= \int_{0}^{1} (t^{\frac{2}{3}} - 2t^{-\frac{1}{3}})\, dt$ ◀ $\dfrac{t^m}{t^n} = t^{m-n},\ \dfrac{1}{t^n} = t^{-n}$

$= \left[\dfrac{3}{5} t^{\frac{5}{3}} - 2 \cdot \dfrac{3}{2} t^{\frac{2}{3}} \right]_{0}^{1}$ ◀ Point 1.1 を使った

$= \dfrac{3}{5} - 3$

$= -\dfrac{12}{5}$ ◀ $\dfrac{3}{5} - \dfrac{15}{5}$

[解Ⅱ]

(1) $\int_{-1}^{0} \dfrac{x-1}{\sqrt[3]{x+1}} dx$ において

$\boxed{\sqrt[3]{x+1} = t \text{ とおく}}$ と ◀ $\sqrt[3]{x+1} = t$ ➡ $x+1 = t^3$ ➡ $x-1 = t^3 - 2$

$(\sqrt[3]{x+1})' = \dfrac{dt}{dx}$ ◀ $\sqrt[3]{x+1} = t$ の両辺を x で微分した

$\Leftrightarrow \{(x+1)^{\frac{1}{3}}\}' = \dfrac{dt}{dx}$ ◀ $\sqrt[3]{A} = A^{\frac{1}{3}}$ を使って微分しやすい形にした!

$\Leftrightarrow \dfrac{1}{3}(x+1)^{-\frac{2}{3}} = \dfrac{dt}{dx}$ ◀ $\{(x+A)^n\}' = n(x+A)^{n-1}$

$\Leftrightarrow \dfrac{1}{3} \cdot \dfrac{1}{(x+1)^{\frac{2}{3}}} = \dfrac{dt}{dx}$ ◀ $A^{-m} = \dfrac{1}{A^m}$

$\Leftrightarrow \dfrac{1}{3} \cdot \dfrac{1}{\{(x+1)^{\frac{1}{3}}\}^2} = \dfrac{dt}{dx}$ ◀ $A^{\frac{n}{m}} = (A^{\frac{1}{m}})^n$

$\Leftrightarrow \dfrac{1}{3} \cdot \dfrac{1}{(\sqrt[3]{x+1})^2} = \dfrac{dt}{dx}$ ◀ $A^{\frac{1}{3}} = \sqrt[3]{A}$

$\Leftrightarrow dx = 3(\sqrt[3]{x+1})^2 \, dt$ ◀ dx について解いた

$\Leftrightarrow dx = 3t^2 \, dt$ ◀ $\sqrt[3]{x+1} = t$ を使って t だけの式にした!

がいえるので,

$\int_{-1}^{0} \dfrac{x-1}{\sqrt[3]{x+1}} dx$

$= \int_{0}^{1} \dfrac{t^3 - 2}{t} (3t^2 \, dt)$ ◀ $x-1 = t^3 - 2$ と $\sqrt[3]{x+1} = t$ と $dx = 3t^2 dt$ を代入した

　　　　　　　$x=0$ のとき $t=1$ ◀ $\sqrt[3]{x+1} = t$ に $x=0$ を代入した
　　　　　　　$x=-1$ のとき $t=0$ ◀ $\sqrt[3]{x+1} = t$ に $x=-1$ を代入した

$= 3 \int_{0}^{1} (t^4 - 2t) \, dt$

$= 3 \left[\dfrac{1}{5} t^5 - t^2 \right]_{0}^{1}$ ◀ Point 1.1 を使った

$= 3 \left(\dfrac{1}{5} - 1 \right)$

$= -\dfrac{12}{5}$ ◀ $3\left(\dfrac{1}{5} - \dfrac{5}{5}\right)$

[解答]

(2) $\displaystyle\int_4^9 \sqrt[3]{\sqrt{x}-2}\,dx$ において

$\boxed{\sqrt{x}-2=t \text{ とおく}}$ と

$(\sqrt{x}-2)' = \dfrac{dt}{dx}$ ◀ $\sqrt{x}-2=t$ の両辺を x で微分した

$\Leftrightarrow (x^{\frac{1}{2}}-2)' = \dfrac{dt}{dx}$ ◀ $\sqrt{x}=x^{\frac{1}{2}}$ を使って微分しやすい形にした！

$\Leftrightarrow \dfrac{1}{2}x^{-\frac{1}{2}} = \dfrac{dt}{dx}$ ◀ $(x^n)' = nx^{n-1}$

$\Leftrightarrow \dfrac{1}{2}\cdot\dfrac{1}{\sqrt{x}} = \dfrac{dt}{dx}$ ◀ $x^{-\frac{1}{2}} = \dfrac{1}{x^{\frac{1}{2}}} = \dfrac{1}{\sqrt{x}}$

$\Leftrightarrow dx = 2\sqrt{x}\,dt$ ◀ dx について解いた

$\Leftrightarrow dx = 2(t+2)\,dt$ ◀ $\sqrt{x}=t+2$ を使って t だけの式にした！

がいえるので，

$\displaystyle\int_4^9 \sqrt[3]{\sqrt{x}-2}\,dx$

$\qquad$ ― $x=9$ のとき $t=1$ ◀ $\sqrt{x}-2=t$ に $x=9$ を代入した

$= \displaystyle\int_0^1 \sqrt[3]{t}\,\{2(t+2)\,dt\}$ ◀ $\sqrt{x}-2=t$ と $dx=2(t+2)dt$ を代入した

$\qquad$ ― $x=4$ のとき $t=0$ ◀ $\sqrt{x}-2=t$ に $x=4$ を代入した

$= 2\displaystyle\int_0^1 (t^{\frac{4}{3}}+2t^{\frac{1}{3}})\,dt$ ◀ $\sqrt[3]{t}=t^{\frac{1}{3}}$

$= 2\left[\dfrac{3}{7}t^{\frac{7}{3}}+2\cdot\dfrac{3}{4}t^{\frac{4}{3}}\right]_0^1$ ◀ Point 1.1 を使った

$= 2\left(\dfrac{3}{7}+\dfrac{3}{2}\right)$

$= \dfrac{27}{7}$ ◀ $2\left(\dfrac{6}{14}+\dfrac{21}{14}\right)$

Section 2 $\int \frac{f'(x)}{f(x)} dx = \log f(x)$ 型の積分 PART-1

4

[解答]

$\int_0^1 \frac{7x+3}{x^2+3x+2} dx$

$= \int_0^1 \frac{7x+3}{(x+2)(x+1)} dx$ ◀ x^2+3x+2 を因数分解した

$= \int_0^1 \left(\frac{11}{x+2} + \frac{-4}{x+1} \right) dx$ ◀ 部分分数に分けた [(注)を見よ]

$= 11 \int_0^1 \frac{1}{x+2} dx - 4 \int_0^1 \frac{1}{x+1} dx$ ◀ 11 と −4 を ∫ の外に出した

$= 11 \int_0^1 \frac{(x+2)'}{x+2} dx - 4 \int_0^1 \frac{(x+1)'}{x+1} dx$ ◀ $\int \frac{f'(x)}{f(x)} dx$ の形にした

$= 11 \left[\log|x+2| \right]_0^1 - 4 \left[\log|x+1| \right]_0^1$ ◀ Point 2.1 を使った

$= 11(\log 3 - \log 2) - 4(\log 2 - \log 1)$

$= 11 \log 3 - 11 \log 2 - 4 \log 2 + 4 \log 1$ ◀ 展開した

$= \underline{11 \log 3 - 15 \log 2}$ ◀ log 1 = 0

(注) $\boxed{\dfrac{7x+3}{(x+2)(x+1)} = \dfrac{A}{x+2} + \dfrac{B}{x+1} \cdots\cdots (*) \text{ の A, B の求め方}}$

$\boxed{(*) \text{ に } x+2 \text{ を掛ける}}$ と、 ◀ A の分母を払う！

$(*) \Rightarrow \dfrac{7x+3}{x+1} = A + (x+2) \cdot \dfrac{B}{x+1} \cdots\cdots ①$

$\boxed{① \text{ に } x=-2 \text{ を代入する}}$ と、 ◀ B を消去する

$① \Rightarrow \dfrac{7(-2)+3}{-2+1} = A + \boxed{(-2+2)} \cdot \dfrac{B}{-2+1}$

　　　　　　　　　　　　↑ ここが 0 になる！

$\Rightarrow 11 = A + 0 \cdot \dfrac{B}{-1}$ ◀ B の係数が 0 になった！

$\int \frac{f'(x)}{f(x)}dx = \log f(x)$ 型の積分 PART-1

∴ $\underline{A=11}$　◀Bが消えてAが求められた

（*）に $x+1$ を掛ける と，　◀Bの分母を払う！

(*) ⇒ $\frac{7x+3}{x+2} = (x+1)\cdot\frac{A}{x+2} + B$ ……②

②に $x=-1$ を代入する と，　◀Aを消去する

② ⇒ $\frac{7(-1)+3}{-1+2} = \boxed{(-1+1)}\cdot\frac{A}{-1+2} + B$
　　　　　　　　　　　ここが0になる！

⇒ $-4 = 0\cdot\frac{A}{1} + B$　◀Aの係数が0になった！

∴ $\underline{B=-4}$　◀Aが消えてBが求められた

5

[考え方]

(1) まず，

$\int_1^4 \frac{x}{2\sqrt{x}-1}dx$ の形のままでは よく分からないよね。

だけど，もしも

$\int_1^4 \frac{x}{2\sqrt{x}-1}dx$ が $\int_1^4 \frac{x}{x}dx$ だったら

簡単に求められそうだね。

そこで，
$2\sqrt{x}-1=t$ とおいてみよう。

▶ $\sqrt{x}=t$ とおいても解けなくはないのだろうが
「置換をするときはできるだけ大きい塊を置き換えよ」
ということを考えれば，
$\sqrt{x}$ を t とおくよりも，$2\sqrt{x}-1$ という大きな塊を t とおく方が
きっとうまくいくんだろうね。

[解答]

(1) $\int_1^4 \dfrac{x}{2\sqrt{x}-1}\,dx$ において

$\boxed{2\sqrt{x}-1=t \text{ とおく}}$ と ◀ $2\sqrt{x}=t+1 \Rightarrow \sqrt{x}=\dfrac{t+1}{2}$ ……(*)

$(2\sqrt{x}-1)' = \dfrac{dt}{dx}$ ◀ $2\sqrt{x}-1=t$ の両辺を x で微分した

$\Leftrightarrow (2x^{\frac{1}{2}}-1)' = \dfrac{dt}{dx}$ ◀ $\sqrt{x}=x^{\frac{1}{2}}$

$\Leftrightarrow 2\cdot\dfrac{1}{2}x^{-\frac{1}{2}} = \dfrac{dt}{dx}$ ◀ $(x^n)' = nx^{n-1}$

$\Leftrightarrow \dfrac{1}{x^{\frac{1}{2}}} = \dfrac{dt}{dx}$ ◀ $x^{-m}=\dfrac{1}{x^m}$

$\Leftrightarrow \dfrac{1}{\sqrt{x}} = \dfrac{dt}{dx}$ ◀ $x^{\frac{1}{2}}=\sqrt{x}$

$\Leftrightarrow dx = \sqrt{x}\,dt$ ◀ dx について解いた

$\Leftrightarrow dx = \dfrac{t+1}{2}\,dt$ ◀ $\sqrt{x}=\dfrac{t+1}{2}$ ……(*) を代入して t だけの式にした!

がいえるので,

$\int_1^4 \dfrac{x}{2\sqrt{x}-1}\,dx$

$= \int_1^3 \dfrac{1}{t}\left(\dfrac{t+1}{2}\right)^2 \cdot \dfrac{t+1}{2}\,dt$

◀ $x=4$ のとき $t=3$ ◀ $2\sqrt{x}-1=t$ に $x=4$ を代入した
◀ $x=1$ のとき $t=1$ ◀ $2\sqrt{x}-1=t$ に $x=1$ を代入した
◀ $2\sqrt{x}-1=t$ と $x=\left(\dfrac{t+1}{2}\right)^2$ と $dx=\dfrac{t+1}{2}dt$ を代入した

$= \int_1^3 \dfrac{1}{t}\left(\dfrac{t+1}{2}\right)^3 dt$ ◀ $\left(\dfrac{t+1}{2}\right)^2 \cdot \dfrac{t+1}{2}$ を $\left(\dfrac{t+1}{2}\right)^3$ と書き直した

$\left[\begin{array}{l}▶(t+1)^2(t+1) \text{ を1つ1つ展開するよりも}\\ (t+1)^3 \text{ の展開公式を使った方がラクだから!}\end{array}\right]$

$= \int_1^3 \dfrac{1}{t}\cdot \dfrac{t^3+3t^2+3t+1}{8}\,dt$ ◀ 分母分子を展開した

$= \dfrac{1}{8}\int_1^3 \dfrac{t^3+3t^2+3t+1}{t}\,dt$ ◀ $\dfrac{1}{8}$ を $\int$ の外に出した

$$= \frac{1}{8}\int_1^3 \left(t^2+3t+3+\frac{1}{t}\right)dt \blacktriangleleft \underline{\frac{t^3+3t^2+3t+1}{t} = \frac{t^3}{t}+\frac{3t^2}{t}+\frac{3t}{t}+\frac{1}{t}}$$

$$= \frac{1}{8}\left[\frac{t^3}{3}+\frac{3}{2}t^2+3t+\log|t|\right]_1^3 \blacktriangleleft \text{Point 1.1 と Point 2.1 を使った}$$

$$= \frac{1}{8}\left(9+\frac{27}{2}+9+\log 3-\frac{1}{3}-\frac{3}{2}-3-\log 1\right)$$

$$= \frac{1}{8}\left(15+\frac{24}{2}-\frac{1}{3}+\log 3\right) \blacktriangleleft \underline{9+9-3=15}, \underline{\frac{27}{2}-\frac{3}{2}=\frac{24}{2}}, \underline{\log 1 = 0}$$

$$= \frac{1}{8}\left(27-\frac{1}{3}+\log 3\right) \blacktriangleleft \underline{\frac{24}{2}=12}$$

$$= \frac{1}{8}\left(\frac{80}{3}+\log 3\right) \blacktriangleleft 27-\frac{1}{3}=\frac{81}{3}-\frac{1}{3}=\underline{\frac{80}{3}}$$

$$= \underline{\frac{10}{3}+\frac{1}{8}\log 3} \blacktriangleleft \text{展開した}$$

[考え方]

(2) まず $\int_0^1 \frac{x^3+2x}{x^2+1}dx$ を見たら，すぐに

分母 (x^2+1) の次数よりも 分子 (x^3+2x) の次数の方が高い，
ということに気付くよね。
だから，まず **Point 2.2** に従って
次のように 分子の次数下げをしなければならないよね。

$$\begin{array}{r} x \\ x^2+1 \overline{)\ x^3+2x\ } \\ \underline{x^3+\ x} \\ x \end{array}$$ から

$x^3+2x = (x^2+1)\cdot x + x$ がいえるので，

$\underline{\frac{x^3+2x}{x^2+1} = x + \frac{x}{x^2+1}}$ ◀ 両辺を x^2+1 で割って $\frac{x^3+2x}{x^2+1}$ をつくった！

が得られる。

よって，

$\int_0^1 \frac{x^3+2x}{x^2+1}\,dx$

$= \int_0^1 \left(x + \frac{x}{x^2+1}\right) dx$ ◀ **Point 2.2**

$= \underline{\int_0^1 x\,dx + \int_0^1 \frac{x}{x^2+1}\,dx}$ がいえるので，

$\int_0^1 \frac{x^3+2x}{x^2+1}\,dx$ を求めるためには

$\int_0^1 x\,dx$ と $\int_0^1 \frac{x}{x^2+1}\,dx$ を求めればいいよね。

$\boxed{\int_0^1 x\,dx\ \text{について}}$

$\int_0^1 x\,dx$ は簡単だよね。

$\int_0^1 x\,dx = \left[\frac{x^2}{2}\right]_0^1$ ◀ **Point 1.1 を使った**

$= \underline{\frac{1}{2}}$

$\boxed{\int_0^1 \frac{x}{x^2+1}\,dx\ \text{について}}$

$(x^2+1)' = 2x$ より，

分子が $2x$ だったら $\frac{x}{x^2+1}$ は $\frac{f'(x)}{f(x)}$ の形になるよね。

そこで，

$\boxed{\dfrac{x}{x^2+1}\ \text{を}\ \dfrac{1}{2} \cdot \dfrac{2x}{x^2+1}\ \text{と書き直す}}$ と， ◀ **$\frac{1}{2} \cdot 2 [=1]$ を掛けて 分子を $2x$ にした！**

$$\int_0^1 \frac{x}{x^2+1}\,dx$$

$$=\frac{1}{2}\int_0^1 \frac{2x}{x^2+1}\,dx \quad \blacktriangleleft \frac{1}{2}\cdot 2\,[=1] を掛けて x の係数を 2 にした！$$

$$=\frac{1}{2}\int_0^1 \frac{(x^2+1)'}{x^2+1}\,dx \quad \blacktriangleleft \int \frac{f'(x)}{f(x)}\,dx の形！$$

$$=\frac{1}{2}\Big[\log(x^2+1)\Big]_0^1 \quad \blacktriangleleft \text{Point 2.1 を使った}$$

$$=\frac{1}{2}\log 2 - \frac{1}{2}\log 1$$

$$=\underline{\underline{\frac{1}{2}\log 2}} \quad \blacktriangleleft \log 1 = \underline{0}$$

[解答]

(2) $\displaystyle\int_0^1 \frac{x^3+2x}{x^2+1}\,dx$

$$=\int_0^1 \left(x+\frac{x}{x^2+1}\right)dx \quad \blacktriangleleft \text{Point 2.2 を考え, 分子の次数下げをした}$$

$$=\int_0^1 x\,dx + \frac{1}{2}\int_0^1 \frac{2x}{x^2+1}\,dx \quad \blacktriangleleft \text{[考え方] 参照}$$

$$=\int_0^1 x\,dx + \frac{1}{2}\int_0^1 \frac{(x^2+1)'}{x^2+1}\,dx \quad \blacktriangleleft (x^2+1)'=2x$$

$$=\left[\frac{x^2}{2}\right]_0^1 + \frac{1}{2}\Big[\log(x^2+1)\Big]_0^1 \quad \blacktriangleleft \text{Point 1.1 と Point 2.1 を使った}$$

$$=\frac{1}{2}+\frac{1}{2}\log 2 - \frac{1}{2}\log 1$$

$$=\underline{\underline{\frac{1}{2}+\frac{1}{2}\log 2}} \quad \blacktriangleleft \log 1 = \underline{0}$$

6

[考え方]

(1) まず，

$\dfrac{1}{x\log x}$ の積分なんて よく分からないよね。

だから，とりあえず 式変形が必要だね。

$\dfrac{1}{x\log x} = \dfrac{1}{x} \cdot \dfrac{1}{\log x}$ ◀ $\dfrac{1}{ab} = \dfrac{1}{a} \cdot \dfrac{1}{b}$

$\phantom{\dfrac{1}{x\log x}} = \dfrac{\frac{1}{x}}{\log x}$ ◀ $A \cdot \dfrac{1}{B} = \dfrac{A}{B}$ $\left[A = \dfrac{1}{x},\ B = \log x\right]$

おそらく，これでもまだ分からない人が多いと思うけれど，

実は $\dfrac{\frac{1}{x}}{\log x}$ の形だったら簡単に積分できるんだ。

えっ，なぜかって？

まず，

$\log x$ と $\dfrac{1}{x}$ の関係は分かるかい？

そう，

$\boxed{\log x \text{ を微分すると } \dfrac{1}{x} \text{ になる}}$ んだったよね。 ◀ $(\log x)' = \dfrac{1}{x}$

だから，

$\dfrac{\frac{1}{x}}{\log x}$ は $\dfrac{(\log x)'}{\log x}$ と書き直せるのである。

これは $\dfrac{f'(x)}{f(x)}$ の形だから

Point 2.1 を使うだけで 簡単に解けるよね。

このように，
$\log x$ が入っている積分は，一見するとよく分からなくても
ちょっと考えれば，簡単に解けてしまう場合が 意外と多いんだ。

[解答]

(1) $\displaystyle\int_2^4 \frac{1}{x\log x}\,dx$

$\displaystyle = \int_2^4 \frac{\frac{1}{x}}{\log x}\,dx$ ◀ $\dfrac{1}{x\log x} = \dfrac{1}{x}\cdot\dfrac{1}{\log x} = \dfrac{\frac{1}{x}}{\log x}$

$\displaystyle = \int_2^4 \frac{(\log x)'}{\log x}\,dx$ ◀ $(\log x)' = \dfrac{1}{x}$

$= \Big[\log|\log x|\Big]_2^4$ ◀ Point 2.1 を使った

$= \log(\log 4) - \log(\log 2)$ ◀ log4 と log2 は正なので |log4|=log4, |log2|=log2

$= \log(\log 2^2) - \log(\log 2)$ ◀ $4 = 2^2$

$= \log(2\log 2) - \log(\log 2)$ ◀ $\log 2^n = n\log 2$

$= \log\left(\dfrac{2\log 2}{\log 2}\right)$ ◀ $\log A - \log B = \log\dfrac{A}{B}$

$= \underline{\log 2}\,//$ ◀ $\dfrac{2\log 2}{\log 2} = 2\cdot\dfrac{\log 2}{\log 2} = 2$

[解答]

(2) $\displaystyle\int_0^{\frac{\pi}{4}} \frac{1}{\cos x}\,dx = \int_0^{\frac{\pi}{4}} \frac{1}{\cos x}\cdot\frac{\cos x}{\cos x}\,dx$ ◀ $\dfrac{\cos x}{\cos x}$ [=1] を掛けた

$\displaystyle = \int_0^{\frac{\pi}{4}} \frac{\cos x}{\cos^2 x}\,dx$

$\displaystyle = \int_0^{\frac{\pi}{4}} \frac{\cos x}{1-\sin^2 x}\,dx$ ◀ $\cos^2 x = 1-\sin^2 x$

$\displaystyle = \int_0^{\frac{\pi}{4}} \frac{\cos x}{(1+\sin x)(1-\sin x)}\,dx$ ◀ 因数分解した

ここで，$\boxed{\sin x = t \text{ とおく}}$ と ◀式を見やすくする

$(\sin x)' = \dfrac{dt}{dx}$ ◀ $\sin x = t$ の両辺をxで微分した

$\Leftrightarrow \cos x = \dfrac{dt}{dx}$ ◀ $(\sin x)' = \cos x$

$\Leftrightarrow dx = \dfrac{1}{\cos x} dt$ がいえるので， ◀ dxについて解いた

$\displaystyle\int_0^{\frac{\pi}{4}} \dfrac{\cos x}{(1+\sin x)(1-\sin x)} dx$

 ◀ $x = \dfrac{\pi}{4}$のとき $t = \sin\dfrac{\pi}{4} = \dfrac{1}{\sqrt{2}}$ ◀ $\sin x = t$ に $x = \dfrac{\pi}{4}$ を代入した

$= \displaystyle\int_0^{\frac{1}{\sqrt{2}}} \dfrac{\cos x}{(1+t)(1-t)} \left(\dfrac{1}{\cos x} dt\right)$ ◀ $\sin x = t$ と $dx = \dfrac{1}{\cos x} dt$ を代入した

 ◀ $x = 0$のとき $t = \sin 0 = 0$ ◀ $\sin x = t$ に $x = 0$ を代入した

$= \displaystyle\int_0^{\frac{1}{\sqrt{2}}} \dfrac{1}{(1+t)(1-t)} dt$ ◀ 分母分子の $\cos x$ を約分した

$= \dfrac{1}{2} \displaystyle\int_0^{\frac{1}{\sqrt{2}}} \left(\dfrac{1}{1+t} + \dfrac{1}{1-t}\right) dt$ ◀ 部分分数に分けた [例題17の(注)を見よ！]

$= \dfrac{1}{2} \displaystyle\int_0^{\frac{1}{\sqrt{2}}} \left(\dfrac{1}{1+t} - \dfrac{-1}{1-t}\right) dt$ ◀ $1 = -(-1)$

$= \dfrac{1}{2} \displaystyle\int_0^{\frac{1}{\sqrt{2}}} \left\{\dfrac{(1+t)'}{1+t} - \dfrac{(1-t)'}{1-t}\right\} dt$ ◀ $\begin{cases}(1+t)' = 1 \\ (1-t)' = -1\end{cases}$

$= \dfrac{1}{2} \Big[\log|1+t| - \log|1-t|\Big]_0^{\frac{1}{\sqrt{2}}}$ ◀ Point 2.1 を使った

$= \dfrac{1}{2}\left(\log\left|1+\dfrac{1}{\sqrt{2}}\right| - \log\left|1-\dfrac{1}{\sqrt{2}}\right|\right) - \dfrac{1}{2}(\log|1| - \log|1|)$

$= \dfrac{1}{2}\left\{\log\left(1+\dfrac{1}{\sqrt{2}}\right) - \log\left(1-\dfrac{1}{\sqrt{2}}\right)\right\}$ ◀ $1+\dfrac{1}{\sqrt{2}}$ と $1-\dfrac{1}{\sqrt{2}}$ は正なので $\begin{cases}\left|1+\dfrac{1}{\sqrt{2}}\right| = 1+\dfrac{1}{\sqrt{2}} \\ \left|1-\dfrac{1}{\sqrt{2}}\right| = 1-\dfrac{1}{\sqrt{2}}\end{cases}$

$= \dfrac{1}{2} \log\left(\dfrac{1+\frac{1}{\sqrt{2}}}{1-\frac{1}{\sqrt{2}}}\right)$ ◀ $\log A - \log B = \log\dfrac{A}{B}$

$= \dfrac{1}{2} \log\left(\dfrac{\sqrt{2}+1}{\sqrt{2}-1}\right)$ ◀ $\dfrac{1+\frac{1}{\sqrt{2}}}{1-\frac{1}{\sqrt{2}}}$ の分母分子に $\sqrt{2}$ を掛けた！

$= \dfrac{1}{2}\log\left(\dfrac{\sqrt{2}+1}{\sqrt{2}-1}\cdot\dfrac{\sqrt{2}+1}{\sqrt{2}+1}\right)$ ◀ 有理化するために $\dfrac{\sqrt{2}+1}{\sqrt{2}+1}$ [=1] を掛けた

$= \dfrac{1}{2}\log(\sqrt{2}+1)^2$ ◀ $\dfrac{(\sqrt{2}+1)(\sqrt{2}+1)}{(\sqrt{2}-1)(\sqrt{2}+1)} = \dfrac{(\sqrt{2}+1)^2}{2-1} = (\sqrt{2}+1)^2$

$= 2\cdot\dfrac{1}{2}\log(\sqrt{2}+1)$ ◀ $\log A^n = n\log A$

$= \underline{\log(\sqrt{2}+1)}$

Section 3　三角関数と指数関数の積分の基本公式について

7

[考え方]

(1) まず，

$\int f'(x)\,dx = \underline{f(x)}$ より，

$\int \sin x\,dx = \boxed{}$ を求めるためには

$f'(x)=\sin x$ となる（微分すると $\sin x$ になる）$f(x)$ を見つければいい よね。 ◀ $\underline{f(x) = \Box}$ より

微分すると $\sin x$ になる関数は すぐに分かるよね。

$\cos x$ を微分すると $-\sin x$ になるので ◀ $(\cos x)' = -\sin x$
$-\cos x$ を微分すれば $\sin x$ になる よね。 ◀ $(-\cos x)' = -(-\sin x)$
$ = \sin x$

よって，

$(-\cos x)' = \sin x$ より　◀ $-\cos x$ を微分すると $\sin x$ になる！

$f'(x)=\sin x$ となる（微分すると $\sin x$ になる）$f(x)$ は $-\cos x$ だよね。

よって，

$\int \sin x\,dx = -\cos x$ がいえる。 ◀ $\int f'(x)\,dx = f(x)$

[解答]

(1) $\int \sin x\,dx = \int (-\cos x)'\,dx$ ◀ $\sin x = (-\cos x)'$

$ = -\cos x$ ◀ $\int f'(x)\,dx = f(x)$

三角関数と指数関数の積分の基本公式について　21

[考え方]

(2) $\int f'(x)\,dx = f(x)$ より，

$\int \sin nx\,dx = \boxed{}$ を求めるためには

$f'(x) = \sin nx$ となる（微分すると $\sin nx$ になる）$f(x)$ を見つければいい よね。　◀ $f(x) = \boxed{}$ より

微分すると $\sin nx$ になる関数は すぐに分かるよね。

$\cos nx$ を微分すると $-n\sin nx$ になるので　◀ $(\cos nx)' = -n\sin nx$

$-\dfrac{1}{n}\cos nx$ を微分すれば $\sin nx$ になる　よね。　◀ $\left(-\dfrac{1}{n}\cos nx\right)' = -\dfrac{1}{n}(-n\sin nx)$
$= \sin nx$

よって，

$\left(-\dfrac{1}{n}\cos nx\right)' = \sin nx$ より　◀ $-\dfrac{1}{n}\cos nx$ を微分すると $\sin nx$ になる！

$f'(x) = \sin nx$ となる（微分すると $\sin nx$ になる）$f(x)$ は $-\dfrac{1}{n}\cos nx$

だよね。

よって，

$\int \sin nx\,dx = -\dfrac{1}{n}\cos nx$ がいえる。　◀ $\int f'(x)\,dx = f(x)$

[解答]

(2) $\int \sin nx\,dx = \int \left(-\dfrac{1}{n}\cos nx\right)'\,dx$　◀ $\sin nx = \left(-\dfrac{1}{n}\cos nx\right)'$

$ = -\dfrac{1}{n}\cos nx$　◀ $\int f'(x)\,dx = f(x)$

8

[考え方]

$\int f'(x)\,dx = f(x)$ より,

$\int e^{nx} dx = \boxed{}$ を求めるためには

$f'(x) = e^{nx}$ となる (微分すると e^{nx} になる) $f(x)$ を見つければいいよね。 ◂ $f(x) = \boxed{}$ より

微分すると e^{nx} になる関数はすぐに分かるよね。

e^{nx} を微分すると ne^{nx} になるので ◂ $(e^{nx})' = n e^{nx}$

$\frac{1}{n} e^{nx}$ を微分すれば e^{nx} になるよね。 ◂ $\left(\frac{1}{n} e^{nx}\right)' = \frac{1}{n} \cdot n e^{nx} = e^{nx}$

よって,

$\left(\frac{1}{n} e^{nx}\right)' = e^{nx}$ より ◂ $\frac{1}{n} e^{nx}$ を微分すると e^{nx} になる!

$f'(x) = e^{nx}$ となる (微分すると e^{nx} になる) $f(x)$ は $\frac{1}{n} e^{nx}$ だよね。

よって,

$\int e^{nx} dx = \frac{1}{n} e^{nx}$ がいえる。 ◂ $\int f'(x)\,dx = f(x)$

[解答]

$\int e^{nx} dx = \int \left(\frac{1}{n} e^{nx}\right)' dx$ ◂ $e^{nx} = \left(\frac{1}{n} e^{nx}\right)'$

$\phantom{\int e^{nx} dx} = \frac{1}{n} e^{nx}$ // ◂ $\int f'(x)\,dx = f(x)$

Section 4　部分積分

9

[考え方]

　まず，$\int 3^x x \, dx$ は

3^x [◀指数関数] と x [◀整式] という2種類の関数の積の形なのでこの形のままでは積分できないよね。

だから，

$\int 3^x dx$ [◀指数関数だけの式] または $\int x \, dx$ [◀整式だけの式] のように

1種類の関数の積分の形にしたいよね。

そのためには

どちらかの関数が消えてくれればいいよね。

3^x を微分すると $3^x \log 3$ になり，　◀ $(a^x)' = a^x \log a$

積分しても $\dfrac{1}{\log 3} 3^x$ になって，　◀ $\int a^x dx = \dfrac{1}{\log a} a^x$ [例題19(2)]

いずれにしても 3^x は消えてくれないよね。

だけど，

x だったら1回微分するだけで消えてくれるよね。　◀ $(x)' = 1$

そこで，部分積分の公式の

$\int f(x) g(x) \, dx = F(x) g(x) - \int F(x) g'(x) \, dx$ の $g'(x)$ に着目して

$\begin{cases} f(x) = 3^x \\ g(x) = x \end{cases}$ とおく と，

$$\int \underset{f(x)}{3^x} \underset{g(x)}{(x)} \, dx$$

$$= \underset{F(x)\,[\blacktriangleleft f(x)\text{を積分したもの}]}{\underbrace{\frac{1}{\log 3} 3^x}} \underset{g(x)}{(x)} - \int \underset{F(x)}{\underbrace{\frac{1}{\log 3} 3^x}} \underset{g'(x)\,[\blacktriangleleft (x)'=1]}{(1)} \, dx \quad \blacktriangleleft \text{Point 4.1}$$

$$= \underline{\underline{\frac{1}{\log 3} 3^x x - \frac{1}{\log 3} \int 3^x dx}} \quad \blacktriangleleft \frac{1}{\log 3}\text{(定数)}\text{を}\int\text{の外に出した}$$

が得られる。

あとは $\int 3^x dx$ を求めればいいんだけれど，

$\int 3^x dx$ だったら 3^x [◀指数関数] だけの式なので

簡単に求めることができるよね。

[解答]

$$\int 3^x x \, dx \quad \blacktriangleleft \begin{cases} f(x) = 3^x \\ g(x) = x \end{cases}$$

$$= \frac{1}{\log 3} 3^x x - \int \frac{1}{\log 3} 3^x (x)' dx \quad \blacktriangleleft F(x)g(x) - \int F(x)g'(x) dx$$

$$= \frac{1}{\log 3} 3^x x - \int \frac{1}{\log 3} 3^x \cdot 1 \, dx \quad \blacktriangleleft (x)' = 1$$

$$= \frac{1}{\log 3} 3^x x - \frac{1}{\log 3} \int 3^x dx \quad \blacktriangleleft \frac{1}{\log 3}\text{(定数)}\text{を}\int\text{の外に出した}$$

$$= \frac{1}{\log 3} 3^x x - \frac{1}{\log 3} \cdot \frac{1}{\log 3} 3^x \quad \blacktriangleleft \int 3^x dx = \frac{1}{\log 3} 3^x$$

$$= \underline{\underline{\frac{1}{\log 3} 3^x x - \frac{1}{(\log 3)^2} 3^x}} /\!/ \quad \blacktriangleleft \frac{1}{\log 3} \cdot \frac{1}{\log 3} = \frac{1}{(\log 3)^2}$$

10

[考え方]

　まず，
x は1回微分するだけで消えてくれる，ということを考え，
部分積分の公式の

$$\boxed{\int f(x)g(x)\,dx = F(x)g(x) - \int F(x)g'(x)\,dx}$$ における

$f(x)$ [◀積分する関数] を $\log x$ にして
$g(x)$ [◀微分する関数] を x にしよう，と考える人もいるだろう。

確かに，x は簡単に微分できるけれど
$\log x$ は簡単に積分できるかい？

$\log x$ の積分というのは，例題22(1)でやったけれど
すぐには求まらないんだよね。

だから，いくら x が微分すれば簡単に消えてくれる，といっても
一般に $\boxed{\log x \text{ を } g(x) \text{ [◀微分する関数] にする方がいい}}$ のである。

そこで，今回は
$\log x$ を $g(x)$ [◀微分する関数] にして求めてみよう。

[解答]

$\displaystyle\int_1^2 x\log x\,dx$ ◀ $\begin{cases} f(x) = x \\ g(x) = \log x \end{cases}$

$= \left[\dfrac{x^2}{2}\log x\right]_1^2 - \displaystyle\int_1^2 \dfrac{x^2}{2}(\log x)'\,dx$ ◀ $F(x)g(x) - \int F(x)g'(x)\,dx$

$= \left(\dfrac{2^2}{2}\log 2 - \dfrac{1}{2}\log 1\right) - \displaystyle\int_1^2 \dfrac{x^2}{2} \cdot \dfrac{1}{x}\,dx$ ◀ $g'(x) = (\log x)' = \dfrac{1}{x}$

$= 2\log 2 - \dfrac{1}{2}\displaystyle\int_1^2 x\,dx$ ◀ $\log 1 = \underset{\sim}{0}$

$= 2\log 2 - \dfrac{1}{2}\left[\dfrac{x^2}{2}\right]_1^2$ ◀ Point 1.1 を使った

$= 2\log 2 - \dfrac{1}{2}\left(\dfrac{2^2}{2} - \dfrac{1}{2}\right)$

$= 2\log 2 - \dfrac{1}{2}\left(2 - \dfrac{1}{2}\right)$

$= 2\log 2 - \dfrac{3}{4}$ ／／   ◂ $-\dfrac{1}{2}\left(2-\dfrac{1}{2}\right) = -\dfrac{1}{2}\cdot\dfrac{3}{2}$

11

[考え方]

まず，$\displaystyle\int (\log x)^3 dx$ は

例題 22 (1) の $\displaystyle\int \log x\, dx$ や 例題 22 (2) の $\displaystyle\int (\log x)^2 dx$ と同様に $\log x$ だけの積分だから 普通に求めることはできないよね。

そこで，$\displaystyle\int \log x\, dx$ や $\displaystyle\int (\log x)^2 dx$ でやったように $(\log x)^3$ を $1\cdot(\log x)^3$ と書き直して 部分積分を使ってみよう。

[解答]

$\displaystyle\int (\log x)^3 dx$

$= \displaystyle\int 1\cdot(\log x)^3 dx$ ◂ $(\log x)^3 = 1\cdot(\log x)^3$

$= x(\log x)^3 - \displaystyle\int x\{(\log x)^3\}' dx$ ◂ Point 4.1 [$f(x)=1$, $g(x)=(\log x)^3$]

$= x(\log x)^3 - \displaystyle\int x\cdot 3(\log x)'(\log x)^2 dx$ ◂ $\{(f(x))^n\}' = n f'(x)\{f(x)\}^{n-1}$

$= x(\log x)^3 - \displaystyle\int x\cdot 3\cdot\dfrac{1}{x}\cdot(\log x)^2 dx$ ◂ $(\log x)' = \dfrac{1}{x}$

$= x(\log x)^3 - 3 \boxed{\int (\log x)^2 dx}$ ◀ 分母分子の x を約分した

▶ あとは $\boxed{\int (\log x)^2 dx}$ を求めればいいのだが

$\boxed{\int (\log x)^2 dx}$ はすでに **例題22**(2) で求めている！

$= x(\log x)^3 - 3\int 1 \cdot (\log x)^2 dx$ ◀ $(\log x)^2 = 1 \cdot (\log x)^2$

$= x(\log x)^3 - 3\{x(\log x)^2 - \int x\{(\log x)^2\}' dx\}$ ◀ Point 4.1 [$f(x)=1, g(x)=(\log x)^2$]

$= x(\log x)^3 - 3x(\log x)^2 + 3\int x \cdot 2(\log x)' \log x \, dx$ ◀ $\{(f(x))^n\}' = nf'(x)\{f(x)\}^{n-1}$

$= x(\log x)^3 - 3x(\log x)^2 + 3\int x \cdot 2 \cdot \frac{1}{x} \cdot \log x \, dx$ ◀ $(\log x)' = \frac{1}{x}$

$= x(\log x)^3 - 3x(\log x)^2 + 6\boxed{\int \log x \, dx}$ ◀ 分母分子の x を約分した

▶ あとは $\boxed{\int \log x \, dx}$ を求めればいいのだが

$\boxed{\int \log x \, dx}$ はすでに **例題22**(1) で求めている！

$= x(\log x)^3 - 3x(\log x)^2 + 6\int 1 \cdot \log x \, dx$ ◀ $\log x = 1 \cdot \log x$

$= x(\log x)^3 - 3x(\log x)^2 + 6\{x\log x - \int x(\log x)' dx\}$ ◀ Point 4.1 [$f(x)=1, g(x)=\log x$]

$= x(\log x)^3 - 3x(\log x)^2 + 6x\log x - 6\int x \cdot \frac{1}{x} dx$ ◀ $(\log x)' = \frac{1}{x}$

$= x(\log x)^3 - 3x(\log x)^2 + 6x\log x - 6\int 1 \, dx$ ◀ $x \cdot \frac{1}{x} = 1$

$= \underline{x(\log x)^3 - 3x(\log x)^2 + 6x\log x - 6x}$ // ◀ $\int 1 \, dx = x$

Section 5　三角関数の積の積分

12

[考え方]

(1) まず，例題 24 で求めた

$\boxed{\sin\alpha\cos\beta = \frac{1}{2}\{\sin(\alpha+\beta)+\sin(\alpha-\beta)\} \text{ に}\\ \alpha=2x \text{ と } \beta=3x \text{ を代入する}}$ と　◀ sin2x cos3x をつくる！

$\sin 2x \cos 3x$

$= \frac{1}{2}\{\sin(2x+3x)+\sin(2x-3x)\}$

$= \frac{1}{2}\{\sin 5x + \sin(-x)\}$ ……(*)　◀ sin2x cos3x が和の形になった！

が得られるので，

$\int \sin 2x \cos 3x \, dx$ は

$\int \sin 2x \cos 3x \, dx$

$= \int \frac{1}{2}\{\sin 5x + \sin(-x)\} \, dx$　◀ (*)を代入した

$= \frac{1}{2}\int \sin 5x \, dx + \frac{1}{2}\int \sin(-x) \, dx$

$= \frac{1}{2}\int \sin 5x \, dx - \frac{1}{2}\int \sin x \, dx$　◀ sin(-x) = -sinx ([解説]を見よ)

と書き直せるよね。

よって，あとは

$\int \sin 5x \, dx$ と $\int \sin x \, dx$ を求めればいいよね。

[解答]

(1) $\int_0^\pi \sin 2x \cos 3x \, dx$

$= \int_0^\pi \frac{1}{2}\{\sin 5x + \sin(-x)\} \, dx$ ◀ $\sin 2x \cos 3x = \frac{1}{2}\{\sin 5x + \sin(-x)\}$
（[考え方]参照）

$= \frac{1}{2}\int_0^\pi \sin 5x \, dx + \frac{1}{2}\int_0^\pi \sin(-x) \, dx$

$= \frac{1}{2}\int_0^\pi \sin 5x \, dx - \frac{1}{2}\int_0^\pi \sin x \, dx$ ◀ $\sin(-x) = -\sin x$

$= \frac{1}{2}\left[-\frac{1}{5}\cos 5x\right]_0^\pi - \frac{1}{2}[-\cos x]_0^\pi$ ◀ $\int \sin nx \, dx = -\frac{1}{n}\cos nx$

$= \frac{1}{2}\left(-\frac{1}{5}\cos 5\pi + \frac{1}{5}\cos 0\right) - \frac{1}{2}(-\cos \pi + \cos 0)$

$= \frac{1}{2}\left\{-\frac{1}{5}(-1) + \frac{1}{5}\cdot 1\right\} - \frac{1}{2}\{-(-1) + 1\}$ ◀ $\begin{cases}\cos 5\pi = \cos(\pi + 2\cdot 2\pi) = \cos \pi = -1 \\ \cos 0 = 1\end{cases}$

$= \frac{1}{2}\cdot\frac{2}{5} - \frac{1}{2}\cdot 2$ ◀ $\frac{1}{2}\left(\frac{1}{5}+\frac{1}{5}\right) - \frac{1}{2}(1+1)$

$= -\frac{4}{5}$ ◀ $\frac{1}{5} - 1$

[解説] $\sin(-\theta) = -\sin\theta$ と $\cos(-\theta) = \cos\theta$ について

まず，$y = \sin x$ と $y = \cos x$ のグラフは次のようになっているよね。

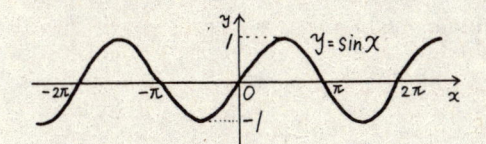

◀ $y = \sin x$ のグラフは原点に関して対称である！

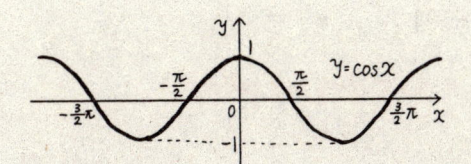

◀ $y = \cos x$ のグラフは y 軸に関して対称である！

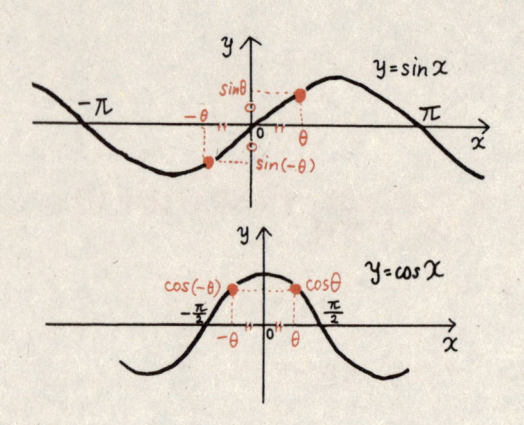

よって，グラフより
$\sin(-\theta)$ と $\sin\theta$ の関係は
$$\boxed{\sin(-\theta)=-\sin\theta}$$
になっていて，

$\cos(-\theta)$ と $\cos\theta$ の関係は
$$\boxed{\cos(-\theta)=\cos\theta}$$
になっていることが
分かるよね。

[考え方]

(2) まず，$\cos\alpha\cos\beta$ を和 (or 差) の形にする式を導いてみよう。

加法定理の公式で $\cos\alpha\cos\beta$ が出てくるものは
$$\begin{cases} \cos(\alpha+\beta)=\cos\alpha\cos\beta-\sin\alpha\sin\beta & \cdots\cdots ① \\ \cos(\alpha-\beta)=\cos\alpha\cos\beta+\sin\alpha\sin\beta & \cdots\cdots ② \end{cases}$$

の2つなので，この2つを使って
$\cos\alpha\cos\beta$ を和 (or 差) の形にする式をつくってみよう。

---

①+② より，　◀ $\sin\alpha\sin\beta$ を消去して $\cos\alpha\cos\beta$ だけの式にする！

$\cos(\alpha+\beta)+\cos(\alpha-\beta)=2\cos\alpha\cos\beta$ 　◀ $\sin\alpha\sin\beta$ が消えた

$\Leftrightarrow \cos\alpha\cos\beta=\dfrac{1}{2}\{\cos(\alpha+\beta)+\cos(\alpha-\beta)\}\ \cdots\cdots(*)$　◀ $\cos\alpha\cos\beta$ について解いた

が得られる。　◀ $\cos\alpha\cos\beta$ が和の形になった！

ここで，

$$\boxed{\cos\alpha\cos\beta=\dfrac{1}{2}\{\cos(\alpha+\beta)+\cos(\alpha-\beta)\}\ \cdots\cdots(*)\ \text{に}\\ \alpha=x\ \text{と}\ \beta=3x\ \text{を代入する}}$$ と　◀ $\cos x\cos 3x$ をつくる！

三角関数の積の積分

$$\cos x \cos 3x = \frac{1}{2}\{\cos(x+3x)+\cos(x-3x)\}$$

$$\Leftrightarrow \cos x \cos 3x = \frac{1}{2}\{\cos 4x + \cos(-2x)\} \quad \cdots\cdots(*)'$$

が得られるので， ◂ cos x cos 3x が和の形になった！

$$\int \cos x \cos 3x \, dx$$

$$= \int \frac{1}{2}\{\cos 4x + \cos(-2x)\} \, dx \quad \blacktriangleleft (*)' \text{を代入した}$$

$$= \frac{1}{2}\int \cos 4x \, dx + \frac{1}{2}\int \cos(-2x) \, dx$$

$$= \frac{1}{2}\int \cos 4x \, dx + \frac{1}{2}\int \cos 2x \, dx \quad \blacktriangleleft \cos(-\theta)=\cos\theta \text{ ((1)の[解説]を見よ)}$$

$$= \frac{1}{2}\left(\frac{1}{4}\sin 4x\right)+\frac{1}{2}\left(\frac{1}{2}\sin 2x\right) \quad \blacktriangleleft \int \cos nx \, dx = \frac{1}{n}\sin nx$$

$$= \frac{1}{8}\sin 4x + \frac{1}{4}\sin 2x$$

[解答]

(2) $\displaystyle\int_0^{\frac{\pi}{2}} \cos x \cos 3x \, dx$

$$= \int_0^{\frac{\pi}{2}} \frac{1}{2}\{\cos 4x + \cos(-2x)\} \, dx \quad \blacktriangleleft \cos x \cos 3x = \frac{1}{2}\{\cos 4x + \cos(-2x)\} \text{ ([考え方]参照)}$$

$$= \frac{1}{2}\int_0^{\frac{\pi}{2}} \cos 4x \, dx + \frac{1}{2}\int_0^{\frac{\pi}{2}} \cos 2x \, dx \quad \blacktriangleleft \cos(-2x)=\cos 2x$$

$$= \frac{1}{2}\left[\frac{1}{4}\sin 4x\right]_0^{\frac{\pi}{2}} + \frac{1}{2}\left[\frac{1}{2}\sin 2x\right]_0^{\frac{\pi}{2}} \quad \blacktriangleleft \int \cos nx \, dx = \frac{1}{n}\sin nx$$

$$= \frac{1}{2}\left(\frac{1}{4}\sin 2\pi - \frac{1}{4}\sin 0\right)+\frac{1}{2}\left(\frac{1}{2}\sin \pi - \frac{1}{2}\sin 0\right)$$

$$= \frac{1}{2}\left(\frac{1}{4}\cdot 0 - \frac{1}{4}\cdot 0\right)+\frac{1}{2}\left(\frac{1}{2}\cdot 0 - \frac{1}{2}\cdot 0\right) \quad \blacktriangleleft \sin 2\pi = \sin \pi = \sin 0 = 0$$

$$= 0$$

13

[解答]

$\displaystyle\int \cos^2 x\, dx$

$\displaystyle= \int \frac{1+\cos 2x}{2}\, dx$ ◀ Point 5.2 ②を使った

$\displaystyle= \int \left(\frac{1}{2}+\frac{1}{2}\cos 2x\right) dx$

$\displaystyle= \frac{1}{2}\int 1\, dx + \frac{1}{2}\int \cos 2x\, dx$

$\displaystyle= \frac{1}{2}x + \frac{1}{2}\cdot\frac{1}{2}\sin 2x$ ◀ $\displaystyle\int \cos nx\, dx = \frac{1}{n}\sin nx$

$\displaystyle= \frac{1}{2}x + \frac{1}{4}\sin 2x$

14

[考え方]

まず, **Point 5.2** ② より

$\cos^4 x$ ◀ $\cos x$ の 4次式!

$= (\cos^2 x)^2$ ◀ $A^4 = (A^2)^2$

$\displaystyle= \left(\frac{1+\cos 2x}{2}\right)^2$ ◀ $\cos^2 x = \dfrac{1+\cos 2x}{2}$

$\displaystyle= \frac{1+2\cos 2x + \cos^2 2x}{4}$ ◀ 展開した

$\displaystyle= \frac{1}{4} + \frac{1}{2}\cos 2x + \frac{1}{4}\cos^2 2x$ ……(∗) ◀ $\cos 2x$ の 2次式 になった!

がいえるよね。

さらに，**Point 5.2** ② より

$\cos^2 2x = \dfrac{1+\cos 4x}{2}$ がいえるので， ◀ $\cos^2\theta = \dfrac{1+\cos 2\theta}{2}$ に $\theta = 2x$ を代入すると，$\cos^2 2x = \dfrac{1+\cos 4x}{2}$

これを（*）に代入すると

$\cos^4 x = \dfrac{1}{4} + \dfrac{1}{2}\cos 2x + \dfrac{1}{4}\cos^2 2x \quad \cdots\cdots(*)$

$\qquad = \dfrac{1}{4} + \dfrac{1}{2}\cos 2x + \dfrac{1}{4}\cdot\dfrac{1+\cos 4x}{2}$ ◀ cos の1次式になった！

$\qquad = \dfrac{1}{4} + \dfrac{1}{2}\cos 2x + \dfrac{1}{8}(1+\cos 4x)$

$\qquad = \dfrac{3}{8} + \dfrac{1}{2}\cos 2x + \dfrac{1}{8}\cos 4x$ ◀ $\dfrac{1}{4}+\dfrac{1}{8}=\dfrac{2}{8}+\dfrac{1}{8}=\dfrac{3}{8}$

が得られる。 ◀ 積の形がなくなった

[解答]

$\displaystyle\int \cos^4 x \, dx$

$\displaystyle = \int \left(\dfrac{3}{8} + \dfrac{1}{2}\cos 2x + \dfrac{1}{8}\cos 4x\right) dx$ ◀ [考え方] 参照

$\displaystyle = \int \dfrac{3}{8} dx + \int \dfrac{1}{2}\cos 2x \, dx + \int \dfrac{1}{8}\cos 4x \, dx$

$\displaystyle = \dfrac{3}{8}\int 1 \, dx + \dfrac{1}{2}\int \cos 2x \, dx + \dfrac{1}{8}\int \cos 4x \, dx$

$= \dfrac{3}{8}x + \dfrac{1}{2}\cdot\dfrac{1}{2}\sin 2x + \dfrac{1}{8}\cdot\dfrac{1}{4}\sin 4x$ ◀ $\displaystyle\int \cos nx \, dx = \dfrac{1}{n}\sin nx$

$= \dfrac{3}{8}x + \dfrac{1}{4}\sin 2x + \dfrac{1}{32}\sin 4x$ //

Section 6 $\int e^{ax}\sin bx\, dx$ と $\int e^{ax}\cos bx\, dx$ について

15

[解答]

$$\begin{cases}(e^{ax}\sin bx)' = ae^{ax}\sin bx + be^{ax}\cos bx & \cdots\cdots ① \\ (e^{ax}\cos bx)' = ae^{ax}\cos bx - be^{ax}\sin bx & \cdots\cdots ②\end{cases}$$

$\boxed{b\times①+a\times②}$ より ◀ $e^{ax}\sin bx$ を消去する！

$b(e^{ax}\sin bx)' + a(e^{ax}\cos bx)' = b^2 e^{ax}\cos bx + a^2 e^{ax}\cos bx$ ◀ $e^{ax}\sin bx$ が消えた

$\Leftrightarrow b(e^{ax}\sin bx)' + a(e^{ax}\cos bx)' = (a^2+b^2) e^{ax}\cos bx$ ◀ $e^{ax}\cos bx$ でくくった

$\Leftrightarrow e^{ax}\cos bx = \dfrac{1}{a^2+b^2}\{b(e^{ax}\sin bx)' + a(e^{ax}\cos bx)'\}$ ◀ $e^{ax}\cos bx$ について解いた

が得られるので，

$\displaystyle\int e^{ax}\cos bx\, dx = \int \dfrac{1}{a^2+b^2}\{b(e^{ax}\sin bx)' + a(e^{ax}\cos bx)'\}\, dx$ ◀ 両辺を x で積分した

$\therefore \displaystyle\int e^{ax}\cos bx\, dx = \dfrac{1}{a^2+b^2}(be^{ax}\sin bx + ae^{ax}\cos bx)$ ◀ $\int f'(x)dx = f(x)$

16

[考え方]

まず，$\int \sin(\log x)\, dx$ を求めよ，といわれても

$\sin(\log x)$ なんて見たこともない関数だからよく分からないよね。

だけど，もしも
$\int \sin(\log x)\, dx$ が $\int \sin x\, dx$ だったら
簡単に求めることができるよね。

$\int e^{ax}\sin bx\, dx$ と $\int e^{ax}\cos bx\, dx$ について

そこで，

$\boxed{\sin(\log x) \text{ を } \sin x \text{ の形にしたいので } \log x = t \text{ とおこう。}}$

ここで，

$\boxed{\log x = t \text{ の両辺を } x \text{ で微分する}}$ と ◂ dx と dt の関係式を求める

$\quad \dfrac{1}{x} = \dfrac{dt}{dx}$ ◂ $\log x = t$ の両辺を x で微分した

$\Leftrightarrow dx = x\, dt$ ◂ dx について解いた

$\Leftrightarrow dx = e^t dt$ ◂ $\log x = t$ を x について解くと $x = e^t$ が得られるので

がいえるので，$x = e^t$ を代入して t だけの式にした！

$\quad \int \sin(\log x)\, dx$

$= \int \sin t\, (e^t dt)$ ◂ $\log x = t$ と $dx = e^t dt$ を代入した

$= \int e^t \sin t\, dt$ が得られる。

$\int e^t \sin t\, dt$ だったら 例題28 の形なので簡単に解けるよね。

$\boxed{\int e^t \sin t\, dt \text{ について}}$

$\begin{cases} (e^t \sin t)' = e^t \sin t + e^t \cos t & \cdots\cdots ① \\ (e^t \cos t)' = e^t \cos t - e^t \sin t & \cdots\cdots ② \end{cases}$

$\boxed{①-②}$ より ◂ $e^t \cos t$ を消去する！

$\quad (e^t \sin t)' - (e^t \cos t)' = e^t \sin t - (-e^t \sin t)$ ◂ $e^t \cos t$ が消えた！

$\Leftrightarrow (e^t \sin t)' - (e^t \cos t)' = 2e^t \sin t$

$\Leftrightarrow e^t \sin t = \dfrac{1}{2}\{(e^t \sin t)' - (e^t \cos t)'\}$ ◂ $e^t \sin t$ について解いた

がいえるので，

$\int e^t \sin t\, dt = \int \dfrac{1}{2}\{(e^t \sin t)' - (e^t \cos t)'\}\, dt$ ◂ 両辺を t で積分した

$$\therefore \int e^t \sin t \, dt = \frac{1}{2}(e^t \sin t - e^t \cos t) \quad \blacktriangleleft \int f'(t)\,dt = f(t)$$

[解答]

$\int_1^{e^\pi} \sin(\log x)\, dx$ において

$\boxed{\log x = t\ とおく}$ と

$\dfrac{1}{x} = \dfrac{dt}{dx}$ ◀ $\log x = t$ の両辺を x で微分した

$\Leftrightarrow dx = x\, dt$ ◀ dx について解いた

$\Leftrightarrow dx = e^t dt$ ◀ $\log x = t \Rightarrow \underline{x = e^t}$ を使って t だけの式にした

がいえるので,

$\int_1^{e^\pi} \sin(\log x)\, dx$

$x=e^\pi$ のとき $\underline{t=\pi}$ ◀ $\log x = t$ に $x = e^\pi$ を代入すると $\log e^\pi = t \Rightarrow \pi \log e = t \therefore \underline{\pi = t}$

$= \int_0^\pi \sin t (e^t dt)$ ◀ $\log x = t$ と $dx = e^t dt$ を代入した

$x=1$ のとき $\underline{t=0}$ ◀ $\log x = t$ に $x = 1$ を代入すると $\log 1 = t \therefore \underline{0 = t}$

$= \int_0^\pi e^t \sin t \, dt$

$= \left[\dfrac{1}{2}(e^t \sin t - e^t \cos t)\right]_0^\pi$ ◀ [考え方]参照

$= \dfrac{1}{2}(e^\pi \sin\pi - e^\pi \cos\pi) - \dfrac{1}{2}(e^0 \sin 0 - e^0 \cos 0)$

$= \dfrac{1}{2}\{e^\pi \cdot 0 - e^\pi(-1)\} - \dfrac{1}{2}(e^0 \cdot 0 - e^0 \cdot 1)$ ◀ $\begin{cases} \sin\pi = \sin 0 = \underline{0} \\ \cos\pi = \underline{-1},\ \cos 0 = \underline{1} \end{cases}$

$= \dfrac{1}{2}e^\pi + \dfrac{1}{2}$ ◀ $e^0 = \underline{1}$

$= \underline{\dfrac{1}{2}(e^\pi + 1)}$ // ◀ $\dfrac{1}{2}$ でくくった

Section 7　置換積分 PART-2

17

[考え方]

$\int_0^2 \dfrac{1}{(x^2+4)^2}\,dx$ は分母に x^2+4 が入っているので

このままでは計算できないよね。

そこで，**Point 7.1** を考え

$\boxed{x=2\tan\theta \text{ とおく}}$ と　◀ $x^2+4 = x^2+2^2$

$\dfrac{1}{(x^2+4)^2} = \dfrac{1}{(4\tan^2\theta+4)^2}$　◀ x に $2\tan\theta$ を代入した

$\phantom{\dfrac{1}{(x^2+4)^2}} = \dfrac{1}{\{4(\tan^2\theta+1)\}^2}$　◀ 4でくくった

$\phantom{\dfrac{1}{(x^2+4)^2}} = \dfrac{1}{\left(4\cdot\dfrac{1}{\cos^2\theta}\right)^2}$　◀ $\tan^2\theta+1 = \dfrac{1}{\cos^2\theta}$

$\phantom{\dfrac{1}{(x^2+4)^2}} = \dfrac{1}{16\cdot\dfrac{1}{\cos^4\theta}}$　◀ $\left(\dfrac{1}{\cos^2\theta}\right)^2 = \dfrac{1}{\cos^4\theta}$

$\phantom{\dfrac{1}{(x^2+4)^2}} = \dfrac{\cos^4\theta}{16}$ のように　◀ 分母分子に $\cos^4\theta$ を掛けた

分母から x^2+4 を消すことができる！

[解答]

$\int_0^2 \dfrac{1}{(x^2+4)^2}\,dx$ において

$\boxed{x=2\tan\theta \text{ とおく}}$ と　◀ [考え方]参照 [Point 7.1]

$\dfrac{dx}{d\theta} = \dfrac{2}{\cos^2\theta}$　◀ $x=2\tan\theta$ の両辺を θ で微分した

$\Leftrightarrow dx = \dfrac{2}{\cos^2\theta}\,d\theta$ がいえるので，　◀ dx について解いた

$\int_0^2 \dfrac{1}{(x^2+4)^2}\,dx$

$= \int_0^{\pi/4} \dfrac{1}{(4\tan^2\theta+4)^2}\cdot\dfrac{2}{\cos^2\theta}\,d\theta$ ◀ $x=2\tan\theta$ のとき $\theta=\frac{\pi}{4}$ ◀ $x=2\tan\theta$ に $x=2$ を代入すると $2=2\tan\theta \Rightarrow 1=\tan\theta \therefore \theta=\frac{\pi}{4}$

$x=2\tan\theta$ と $dx=\dfrac{2}{\cos^2\theta}d\theta$ を代入した

$x=0$ のとき $\theta=0$ ◀ $x=2\tan\theta$ に $x=0$ を代入すると $0=2\tan\theta \Rightarrow 0=\tan\theta \therefore \theta=0$

$= \int_0^{\pi/4} \dfrac{1}{\{4(\tan^2\theta+1)\}^2}\cdot\dfrac{2}{\cos^2\theta}\,d\theta$ ◀ $4\tan^2\theta+4=4(\tan^2\theta+1)$

$= \int_0^{\pi/4} \dfrac{1}{\left(4\cdot\frac{1}{\cos^2\theta}\right)^2}\cdot\dfrac{2}{\cos^2\theta}\,d\theta$ ◀ $\tan^2\theta+1=\dfrac{1}{\cos^2\theta}$

$= \int_0^{\pi/4} \dfrac{1}{16\cdot\frac{1}{\cos^4\theta}}\cdot\dfrac{2}{\cos^2\theta}\,d\theta$ ◀ $\left(\dfrac{1}{\cos^2\theta}\right)^2=\dfrac{1}{\cos^4\theta}$

$= \int_0^{\pi/4} \dfrac{2}{16\cdot\frac{1}{\cos^2\theta}}\,d\theta$ ◀ $\dfrac{1}{\cos^4\theta}\cdot\cos^2\theta=\dfrac{1}{\cos^2\theta}$

$= \int_0^{\pi/4} \dfrac{2\cos^2\theta}{16}\,d\theta$ ◀ 分母分子に $\cos^2\theta$ を掛けた

$= \int_0^{\pi/4} \dfrac{1}{8}\cdot\cos^2\theta\,d\theta$ ◀ $\dfrac{2}{16}=\dfrac{1}{8}$

$= \int_0^{\pi/4} \dfrac{1}{8}\cdot\dfrac{1+\cos 2\theta}{2}\,d\theta$ ◀ Point 5.2 ❷ を使った

$= \dfrac{1}{16}\int_0^{\pi/4}(1+\cos 2\theta)\,d\theta$ ◀ $\dfrac{1}{16}$ を $\int$ の外に出した

$= \dfrac{1}{16}\int_0^{\pi/4} 1\,d\theta + \dfrac{1}{16}\int_0^{\pi/4}\cos 2\theta\,d\theta$

$= \dfrac{1}{16}\Big[\theta\Big]_0^{\pi/4} + \dfrac{1}{16}\left[\dfrac{1}{2}\sin 2\theta\right]_0^{\pi/4}$ ◀ $\int\cos nx\,dx=\dfrac{1}{n}\sin nx$

$= \dfrac{1}{16}\cdot\dfrac{\pi}{4} + \dfrac{1}{16}\left(\dfrac{1}{2}\sin\dfrac{\pi}{2}-\dfrac{1}{2}\sin 0\right)$

$= \dfrac{\pi}{64} + \dfrac{1}{16}\left(\dfrac{1}{2}\cdot 1 - \dfrac{1}{2}\cdot 0\right)$ ◀ $\sin\dfrac{\pi}{2}=1$, $\sin 0=0$

$$= \frac{\pi}{64} + \frac{1}{32} \text{ //}$$

18

[解答]

$\int_0^1 \frac{x^2}{\sqrt{4-x^2}} \, dx$ において

$\boxed{x = 2\sin\theta \text{ とおく}}$ と ◀ Point 7.2

$\quad \frac{dx}{d\theta} = 2\cos\theta$ ◀ $x=2\sin\theta$ の両辺を θ で微分した

$\Leftrightarrow dx = 2\cos\theta \, d\theta$ がいえるので, ◀ dx について解いた

$\quad \int_0^1 \frac{x^2}{\sqrt{4-x^2}} \, dx$

◀ $x=1$ のとき $\theta = \frac{\pi}{6}$ ◀ $x=2\sin\theta$ に $x=1$ を代入すると $1=2\sin\theta \Rightarrow \frac{1}{2}=\sin\theta \therefore \theta=\frac{\pi}{6}$

$= \int_0^{\frac{\pi}{6}} \frac{4\sin^2\theta}{\sqrt{4-4\sin^2\theta}} (2\cos\theta \, d\theta)$ ◀ $x=2\sin\theta$ と $dx=2\cos\theta d\theta$ を代入した

◀ $x=0$ のとき $\theta=0$ ◀ $x=2\sin\theta$ に $x=0$ を代入すると $0=2\sin\theta \Rightarrow 0=\sin\theta \therefore \theta=0$

$= 4\int_0^{\frac{\pi}{6}} \frac{\sin^2\theta}{\sqrt{4(1-\sin^2\theta)}} (2\cos\theta \, d\theta)$ ◀ $4-4\sin^2\theta = 4(1-\sin^2\theta)$

$= 4\int_0^{\frac{\pi}{6}} \frac{\sin^2\theta}{\sqrt{4\cos^2\theta}} (2\cos\theta \, d\theta)$ ◀ $1-\sin^2\theta = \cos^2\theta$

$= 4\int_0^{\frac{\pi}{6}} \frac{\sin^2\theta}{2\cos\theta} (2\cos\theta \, d\theta)$ ◀ $0 \leq \theta \leq \frac{\pi}{6}$ のとき $\cos\theta > 0$ なので $\sqrt{\cos^2\theta} = |\cos\theta| = \underline{\cos\theta}$

$= 4\int_0^{\frac{\pi}{6}} \sin^2\theta \, d\theta$ ◀ 分母分子の $2\cos\theta$ を約分した

$= 4\int_0^{\frac{\pi}{6}} \frac{1-\cos 2\theta}{2} \, d\theta$ ◀ Point 5.2 ① を使った

$= 2\int_0^{\frac{\pi}{6}} 1 \, d\theta - 2\int_0^{\frac{\pi}{6}} \cos 2\theta \, d\theta$

$= 2\Big[\theta\Big]_0^{\frac{\pi}{6}} - 2\Big[\frac{1}{2}\sin 2\theta\Big]_0^{\frac{\pi}{6}}$ ◀ $\int \cos n\theta\, d\theta = \frac{1}{n}\sin n\theta$

$= 2\cdot\frac{\pi}{6} - 2\Big(\frac{1}{2}\sin\frac{\pi}{3} - \frac{1}{2}\sin 0\Big)$

$= \frac{\pi}{3} - 2\Big(\frac{1}{2}\cdot\frac{\sqrt{3}}{2} - \frac{1}{2}\cdot 0\Big)$ ◀ $\sin\frac{\pi}{3}=\frac{\sqrt{3}}{2},\ \sin 0 = 0$

$= \frac{\pi}{3} - \frac{\sqrt{3}}{2}$

19

[解答]

$\int_0^{\frac{a}{2}} \sqrt{a^2 - x^2}\, dx$ において

$\boxed{x = a\sin\theta\ とおく}$ と ◀ Point 7.2

$\dfrac{dx}{d\theta} = a\cos\theta$ ◀ $x=a\sin\theta$ の両辺を θ で微分した

⇔ $dx = a\cos\theta\, d\theta$ がいえるので, ◀ dx について解いた

$\int_0^{\frac{a}{2}} \sqrt{a^2 - x^2}\, dx$

$= \int_0^{\frac{\pi}{6}} \sqrt{a^2 - a^2\sin^2\theta}\, (a\cos\theta\, d\theta)$

◀ $x=\frac{a}{2}$ のとき $\theta=\frac{\pi}{6}$ ◀ $x=a\sin\theta$ に $x=\frac{a}{2}$ を代入すると $\frac{a}{2}=a\sin\theta \Rightarrow \frac{1}{2}=\sin\theta \therefore \theta=\frac{\pi}{6}$

◀ $x=a\sin\theta$ と $dx=a\cos\theta d\theta$ を代入した

◀ $x=0$ のとき $\theta=0$ ◀ $x=a\sin\theta$ に $x=0$ を代入すると $0=a\sin\theta \Rightarrow 0=\sin\theta \therefore \theta=0$

$= \int_0^{\frac{\pi}{6}} \sqrt{a^2(1-\sin^2\theta)}\, (a\cos\theta\, d\theta)$ ◀ a^2 でくくった

$= \int_0^{\frac{\pi}{6}} \sqrt{a^2\cos^2\theta}\, (a\cos\theta\, d\theta)$ ◀ $1-\sin^2\theta = \cos^2\theta$

$= \int_0^{\frac{\pi}{6}} a\cos\theta\, (a\cos\theta\, d\theta)$ ◀ $0 \leqq \theta \leqq \frac{\pi}{6}$ のとき $\cos\theta > 0$ なので $\sqrt{\cos^2\theta}=|\cos\theta|=\cos\theta$

$$= a^2 \int_0^{\frac{\pi}{6}} \cos^2\theta \, d\theta$$

$$= a^2 \int_0^{\frac{\pi}{6}} \left(\frac{1+\cos 2\theta}{2} \right) d\theta \quad \blacktriangleleft \text{Point 5.2 ❷を使った}$$

$$= \frac{a^2}{2} \int_0^{\frac{\pi}{6}} 1 \, d\theta + \frac{a^2}{2} \int_0^{\frac{\pi}{6}} \cos 2\theta \, d\theta$$

$$= \frac{a^2}{2} \left[\theta \right]_0^{\frac{\pi}{6}} + \frac{a^2}{2} \left[\frac{1}{2} \sin 2\theta \right]_0^{\frac{\pi}{6}} \quad \blacktriangleleft \int \cos n\theta \, d\theta = \frac{1}{n} \sin n\theta$$

$$= \frac{a^2}{2} \cdot \frac{\pi}{6} + \frac{a^2}{2} \left(\frac{1}{2} \sin \frac{\pi}{3} - \frac{1}{2} \sin 0 \right)$$

$$= \frac{a^2}{12} \pi + \frac{a^2}{2} \left(\frac{1}{2} \cdot \frac{\sqrt{3}}{2} - \frac{1}{2} \cdot 0 \right) \quad \blacktriangleleft \sin \frac{\pi}{3} = \frac{\sqrt{3}}{2}, \sin 0 = 0$$

$$= \underline{\underline{\frac{a^2}{12} \pi + \frac{\sqrt{3}}{8} a^2}} \mathbin{/\mkern-6mu/}$$

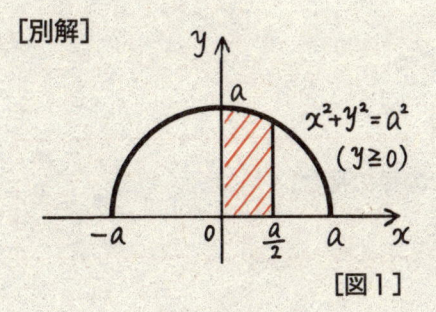

[別解]

[図1]

$$\int_0^{\frac{a}{2}} \sqrt{a^2 - x^2} \, dx \text{ は}$$
[図1] の斜線部分の面積を表している。

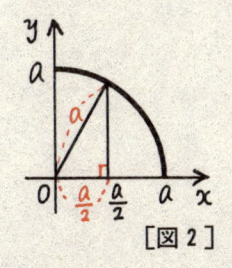

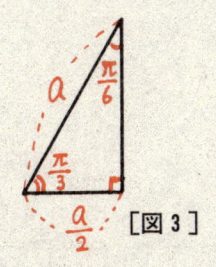

[図2]

[図3]

ここで，
[図2] から [図3] のような角度が分かるので，
[図4] を考え

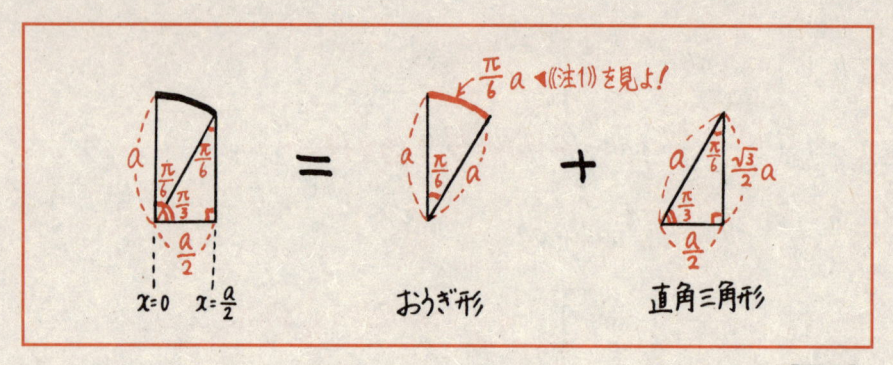

[図4]

$\int_0^{\frac{a}{2}} \sqrt{a^2 - x^2}\, dx$

$= \dfrac{1}{2} \cdot \dfrac{\pi}{6} a \cdot a + \dfrac{1}{2} \cdot \dfrac{a}{2} \cdot \dfrac{\sqrt{3}}{2} a$ ◀《注2》を見よ！

$= \dfrac{\pi}{12} a^2 + \dfrac{\sqrt{3}}{8} a^2$

(注1)

重要公式1

 おうぎ形の弧の長さは $r\theta$ である。

(注2)

重要公式2

 おうぎ形の面積は $\dfrac{1}{2} \cdot r\theta \cdot r \left[= \dfrac{r^2 \theta}{2} \right]$ である。

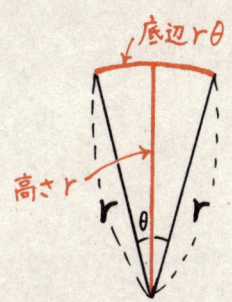

[▶ 覚え方]

おうぎ形の弧の長さは $r\theta$ なので，
おうぎ形の面積の公式は

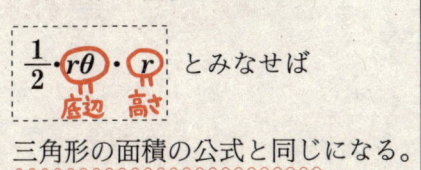

$$\frac{1}{2} \cdot r\theta \cdot r$$ (底辺)(高さ)

とみなせば
三角形の面積の公式と同じになる。

20

[考え方]

まず，
$\sqrt{4-25x^2}$ は $\sqrt{a^2-x^2}$ の形ではないので，このままでは
よく分からないよね。

そこで，
$\sqrt{4-25x^2}$ を $\sqrt{a^2-x^2}$ の形にするために $4-25x^2$ を 25 でくくろう。

そうすると，

$\sqrt{4-25x^2} = \sqrt{25\left(\dfrac{4}{25}-x^2\right)}$ ◀ 25でくくった

$\qquad = \sqrt{5^2\left\{\left(\dfrac{2}{5}\right)^2 - x^2\right\}}$ ◀ $25 = 5^2$, $\dfrac{4}{25} = \left(\dfrac{2}{5}\right)^2$

$\qquad = 5\sqrt{\left(\dfrac{2}{5}\right)^2 - x^2}$ のように ◀ $\sqrt{5^2} = 5$

$\sqrt{a^2-x^2}$ の形が得られたので
あとは，**Point 7.2** を使えば解けそうだね。

[解答]

$\displaystyle\int_0^{\frac{2}{5}} \sqrt{4-25x^2}\,dx$

$= \displaystyle\int_0^{\frac{2}{5}} \sqrt{25\left(\dfrac{4}{25}-x^2\right)}\,dx$ ◀ 25でくくって a^2-x^2 の形をつくった！

$$= \int_0^{\frac{2}{5}} \sqrt{5^2\left\{\left(\frac{2}{5}\right)^2 - x^2\right\}}\,dx \quad \blacktriangleleft 25=5^2, \ \frac{4}{25}=\left(\frac{2}{5}\right)^2$$

$$= 5\int_0^{\frac{2}{5}} \sqrt{\left(\frac{2}{5}\right)^2 - x^2}\,dx \quad \blacktriangleleft \text{Point 7.2 が使える形になった！}$$

ここで

$\boxed{x=\dfrac{2}{5}\sin\theta \text{ とおく}}$ と $\quad \blacktriangleleft$ Point 7.2

$\qquad \dfrac{dx}{d\theta} = \dfrac{2}{5}\cos\theta \quad \blacktriangleleft x=\frac{2}{5}\sin\theta \text{ の両辺を}\theta\text{で微分した}$

$\Leftrightarrow\ dx = \dfrac{2}{5}\cos\theta\,d\theta\ \text{がいえるので,} \quad \blacktriangleleft dx\text{について解いた}$

$$5\int_0^{\frac{2}{5}} \sqrt{\left(\frac{2}{5}\right)^2 - x^2}\,dx$$

$\blacktriangleleft\ x=\frac{2}{5}\text{のとき }\underline{\theta=\frac{\pi}{2}}\ \blacktriangleleft x=\frac{2}{5}\sin\theta\text{ に }x=\frac{2}{5}\text{ を代入すると }\frac{2}{5}=\frac{2}{5}\sin\theta \Rightarrow 1=\sin\theta\ \therefore\ \theta=\frac{\pi}{2}$

$$= 5\int_0^{\frac{\pi}{2}} \sqrt{\left(\frac{2}{5}\right)^2 - \left(\frac{2}{5}\right)^2\sin^2\theta}\left(\frac{2}{5}\cos\theta\,d\theta\right) \quad \blacktriangleleft x=\frac{2}{5}\sin\theta\text{と}dx=\frac{2}{5}\cos\theta d\theta\text{を代入した}$$

$\blacktriangleleft\ x=0\text{ のとき }\underline{\theta=0}\ \blacktriangleleft x=\frac{2}{5}\sin\theta\text{ に }x=0\text{ を代入すると }0=\frac{2}{5}\sin\theta\Rightarrow 0=\sin\theta\ \therefore\ \underline{\theta=0}$

$$= 5\int_0^{\frac{\pi}{2}} \sqrt{\left(\frac{2}{5}\right)^2(1-\sin^2\theta)}\left(\frac{2}{5}\cos\theta\,d\theta\right) \quad \blacktriangleleft \left(\frac{2}{5}\right)^2\text{でくくった}$$

$$= 5\int_0^{\frac{\pi}{2}} \sqrt{\left(\frac{2}{5}\right)^2\cos^2\theta}\left(\frac{2}{5}\cos\theta\,d\theta\right) \quad \blacktriangleleft 1-\sin^2\theta=\cos^2\theta$$

$$= 5\int_0^{\frac{\pi}{2}} \frac{2}{5}\cos\theta\left(\frac{2}{5}\cos\theta\,d\theta\right) \quad \blacktriangleleft 0\leqq\theta\leqq\frac{\pi}{2}\text{のとき }\cos\theta>0\text{ なので}$$
$$\qquad\qquad\qquad\qquad\qquad\qquad\qquad \sqrt{\cos^2\theta}=|\cos\theta|=\underline{\cos\theta}$$

$$= \frac{4}{5}\int_0^{\frac{\pi}{2}} \cos^2\theta\,d\theta$$

$$= \frac{4}{5}\int_0^{\frac{\pi}{2}} \left(\frac{1+\cos 2\theta}{2}\right)d\theta \quad \blacktriangleleft \text{Point 5.2 ❷を使った}$$

$$= \frac{2}{5}\int_0^{\frac{\pi}{2}} 1\,d\theta + \frac{2}{5}\int_0^{\frac{\pi}{2}} \cos 2\theta\,d\theta$$

$$= \frac{2}{5}\Big[\theta\Big]_0^{\frac{\pi}{2}} + \frac{2}{5}\left[\frac{1}{2}\sin 2\theta\right]_0^{\frac{\pi}{2}} \quad \blacktriangleleft \int\cos n\theta\,d\theta = \frac{1}{n}\sin n\theta$$

$$= \frac{2}{5} \cdot \frac{\pi}{2} + \frac{2}{5}\left(\frac{1}{2}\sin\pi - \frac{1}{2}\sin 0\right)$$

$$= \frac{\pi}{5} + \frac{2}{5}\left(\frac{1}{2}\cdot 0 - \frac{1}{2}\cdot 0\right) \quad \blacktriangleleft \sin\pi = \sin 0 = 0$$

$$= \frac{\pi}{5} /\!/$$

[別解]

$$\int_0^{\frac{2}{5}} \sqrt{4-25x^2}\,dx$$

$$= \int_0^{\frac{2}{5}} \sqrt{25\left(\frac{4}{25}-x^2\right)}\,dx \quad \blacktriangleleft 25でくくって\sqrt{a^2-x^2}の形をつくった$$

$$= \int_0^{\frac{2}{5}} \sqrt{5^2\left\{\left(\frac{2}{5}\right)^2-x^2\right\}}\,dx \quad \blacktriangleleft 25=5^2,\ \frac{4}{25}=\left(\frac{2}{5}\right)^2$$

$$= 5\int_0^{\frac{2}{5}} \sqrt{\left(\frac{2}{5}\right)^2-x^2}\,dx \quad \cdots\cdots ① \quad \blacktriangleleft \int\sqrt{a^2-x^2}\,dx の形がつくれた！$$

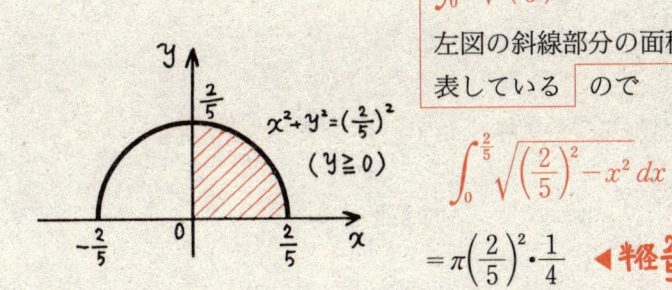

$\int_0^{\frac{2}{5}} \sqrt{\left(\frac{2}{5}\right)^2-x^2}\,dx$ は左図の斜線部分の面積を表している ので

$$\int_0^{\frac{2}{5}} \sqrt{\left(\frac{2}{5}\right)^2-x^2}\,dx$$

$$= \pi\left(\frac{2}{5}\right)^2 \cdot \frac{1}{4} \quad \blacktriangleleft 半径\frac{2}{5}の円の面積は\pi\left(\frac{2}{5}\right)^2$$

$$= \frac{\pi}{25} \quad \cdots\cdots ② \quad \blacktriangleleft \pi \cdot \frac{4}{25} \cdot \frac{1}{4}$$

よって，①と②より

$$\int_0^{\frac{2}{5}} \sqrt{4-25x^2}\,dx = 5\cdot\frac{\pi}{25} \quad \blacktriangleleft ①に②を代入した！$$

$$= \frac{\pi}{5} /\!/$$

Section 8 　$\int f'(x) f^n(x)\, dx$ 型の積分

21

[考え方]

まず，

$\int \sin x \cos^n x\, dx$ は普通に考えたら 面倒くさそうだよね。

だけど，$(\cos x)' = -\sin x$ という関係から

$\int \sin x \cos^n x\, dx$ は $\int f'(x) f^n(x)\, dx$ に近い形をしていることが分かるよね。

そこで，

$\int \sin x \cos^n x\, dx$ を $\int f'(x) f^n(x)\, dx$ の形に書き直してみよう。

$(\cos x)' = -\sin x$ を考え，もしも

$\int \sin x \cos^n x\, dx$ が $\int (-\sin x) \cos^n x\, dx$ だったら

$\int f'(x) f^n(x)\, dx$ の形になるよね。　◀ $\int (\cos x)' \cos^n x\, dx$

このことを踏まえて $\int \sin x \cos^n x\, dx$ を変形すると

$\int \sin x \cos^n x\, dx$

$= -\int (-\sin x) \cos^n x\, dx$ 　◀ $\sin x = -(-\sin x)$

$= -\int (\cos x)' \cos^n x\, dx$ のように 　◀ $(\cos x)' = -\sin x$

$\int f'(x) f^n(x)\, dx$ の形が得られた！

[解答]

$$\int \sin x \cos^n x \, dx = -\int (-\sin x) \cos^n x \, dx \quad \blacktriangleleft \sin x = -(-\sin x)$$

$$= -\int (\cos x)' \cos^n x \, dx \quad \blacktriangleleft (\cos x)' = -\sin x$$

$$= -\frac{1}{n+1} \cos^{n+1} x \quad \blacktriangleleft \int f'(x) f^n(x) \, dx = \frac{1}{n+1} f^{n+1}(x)$$

22

[考え方]

まず, $\int \sin^3 x \, dx$ を $\int f'(x) f^n(x) \, dx$ の形にするために

例題 34 の [解説] を考え,

$\boxed{\sin^3 x \text{ を } \sin x \cdot \sin^2 x \text{ と書き直そう。}}$

次に,

$\boxed{\sin^2 x \text{ を } \cos^n x \text{ の形にしたいので}}$
$\boxed{\sin^2 x \text{ を } 1 - \cos^2 x \text{ と書き直す}}$ と, $\blacktriangleleft \sin^2 x = 1 - \cos^2 x$

$\sin^3 x = \sin x \cdot \sin^2 x \quad \blacktriangleleft \sin^3 x \text{ を } \sin x \cdot \square \text{ の形にした}$

$\quad = \sin x (1 - \cos^2 x) \quad \blacktriangleleft \sin^2 x = 1 - \cos^2 x \text{ を代入した}$

$\quad = \sin x - \sin x \cos^2 x \quad \blacktriangleleft \text{展開した}$

$\quad = \sin x + (\cos x)' \cos^2 x \text{ のように} \quad \blacktriangleleft (\cos x)' = -\sin x$

$f'(x) f^n(x)$ の形がつくれた！

あとは $\int f'(x) f^n(x) \, dx$ の公式 (**Point 8.1**) を使えば解けるよね。

[解答]

$$\int_0^{\frac{\pi}{2}} \sin^3 x \, dx$$

$$= \int_0^{\frac{\pi}{2}} \sin x \cdot \sin^2 x \, dx \quad \blacktriangleleft \text{sin}^3x \text{ を sin}x\cdot\square \text{ の形にした}$$

$$= \int_0^{\frac{\pi}{2}} \sin x (1-\cos^2 x) \, dx \quad \blacktriangleleft \sin^2 x = 1-\cos^2 x$$

$$= \int_0^{\frac{\pi}{2}} \sin x \, dx + \int_0^{\frac{\pi}{2}} (-\sin x)\cos^2 x \, dx \quad \blacktriangleleft \text{展開した}$$

$$= \int_0^{\frac{\pi}{2}} \sin x \, dx + \int_0^{\frac{\pi}{2}} (\cos x)'\cos^2 x \, dx \quad \blacktriangleleft \int f'(x)f^n(x)dx \text{ の形になった！}$$

$$= \Big[-\cos x\Big]_0^{\frac{\pi}{2}} + \Big[\frac{1}{3}\cos^3 x\Big]_0^{\frac{\pi}{2}} \quad \blacktriangleleft \begin{cases} \int \sin x \, dx = -\cos x \\ \int f'(x)f^n(x)dx = \frac{1}{n+1}f^{n+1}(x) \end{cases}$$

$$= -\cos\frac{\pi}{2} + \cos 0 + \frac{1}{3}\cos^3\frac{\pi}{2} - \frac{1}{3}\cos^3 0$$

$$= 1 - \frac{1}{3} \quad \blacktriangleleft \cos\frac{\pi}{2}=0, \cos 0 = 1$$

$$= \frac{2}{3} /\!/$$

[別解]

$$\int_0^{\frac{\pi}{2}} \sin^3 x \, dx$$

$$= \int_0^{\frac{\pi}{2}} \frac{1}{4}(3\sin x - \sin 3x) \, dx \quad \blacktriangleleft \sin 3x = 3\sin x - 4\sin^3 x \Rightarrow \sin^3 x = \frac{1}{4}(3\sin x - \sin 3x)$$

$$= \frac{3}{4}\int_0^{\frac{\pi}{2}} \sin x \, dx - \frac{1}{4}\int_0^{\frac{\pi}{2}} \sin 3x \, dx \quad \blacktriangleleft \text{展開した}$$

$$= \frac{3}{4}\Big[-\cos x\Big]_0^{\frac{\pi}{2}} - \frac{1}{4}\Big[-\frac{1}{3}\cos 3x\Big]_0^{\frac{\pi}{2}} \quad \blacktriangleleft \int \sin nx \, dx = -\frac{1}{n}\cos nx$$

$$= \frac{3}{4}\Big(-\cos\frac{\pi}{2} + \cos 0\Big) - \frac{1}{4}\Big(-\frac{1}{3}\cos\frac{3}{2}\pi + \frac{1}{3}\cos 0\Big)$$

$$= \frac{3}{4} \cdot 1 - \frac{1}{4} \cdot \frac{1}{3} \quad ◀ \cos\frac{\pi}{2} = \cos\frac{3}{2}\pi = 0,\ \cos 0 = 1$$

$$= \frac{3}{4} - \frac{1}{12}$$

$$= \frac{2}{3} \quad ◀ \frac{9}{12} - \frac{1}{12} = \frac{8}{12} = \frac{2}{3}$$

23

[考え方]

まず，$\int \cos^5 x\, dx$ を $\int f'(x) f^n(x)\, dx$ の形にするために

例題34 の [解説] を考え，

$\boxed{\cos^5 x\ を\ \cos x \cdot \cos^4 x\ と書き直そう。}$ ◀ $A^5 = A \cdot A^4$

次に，

$\boxed{\cos^4 x\ を\ (\cos^2 x)^2\ と書き直し，}$ ◀ $A^4 = (A^2)^2$
$\boxed{\cos^2 x = 1 - \sin^2 x\ を代入する}$ と，

$\cos^4 x = (\cos^2 x)^2$
$\quad\quad = (1 - \sin^2 x)^2$ ◀ $\cos^2 x = 1 - \sin^2 x$ を代入した
$\quad\quad = 1 - 2\sin^2 x + \sin^4 x$ が得られる。 ◀ 展開した

よって，

$\cos^5 x = \cos x \cdot \cos^4 x$ ◀ $\cos^5 x$ を $\cos x \cdot \boxed{}$ の形にした
$\quad\quad = \cos x (\cos^2 x)^2$ ◀ $A^4 = (A^2)^2$
$\quad\quad = \cos x (1 - \sin^2 x)^2$ ◀ $\cos^2 x = 1 - \sin^2 x$ を代入した
$\quad\quad = \cos x (1 - 2\sin^2 x + \sin^4 x)$ ◀ $(1 - \sin^2 x)^2$ を展開した
$\quad\quad = \cos x - 2\cos x \sin^2 x + \cos x \sin^4 x$ ◀ 展開した
$\quad\quad = \cos x - 2(\sin x)' \sin^2 x + (\sin x)' \sin^4 x$ のように ◀ $(\sin x)' = \cos x$

$f'(x) f^n(x)$ の形がつくれた！

あとは $\int f'(x) f^n(x)\, dx$ の公式 (**Point 8.1**) を使えば解けるよね。

[解答]

$\int \cos^5 x \, dx$

$= \int \cos x \cdot \cos^4 x \, dx$ ◀ $\cos^5x$ を $\cos x \cdot \square$ の形にした

$= \int \cos x \, (\cos^2 x)^2 \, dx$ ◀ $\cos^4 x = (\cos^2 x)^2$

$= \int \cos x \, (1-\sin^2 x)^2 \, dx$ ◀ $\cos^2 x = 1-\sin^2 x$

$= \int \cos x \, (1-2\sin^2 x + \sin^4 x) \, dx$ ◀ $(1-\sin^2 x)^2$ を展開した

$= \int \cos x \, dx - 2 \int \cos x \sin^2 x \, dx + \int \cos x \sin^4 x \, dx$ ◀ 展開した

$= \int \cos x \, dx - 2 \int (\sin x)' \sin^2 x \, dx + \int (\sin x)' \sin^4 x \, dx$ ◀ $\int f'(x) f^n(x) dx$ の形になった！

$= \sin x - \dfrac{2}{3} \sin^3 x + \dfrac{1}{5} \sin^5 x$ ◀ $\int f'(x) f^n(x) dx = \dfrac{1}{n+1} f^{n+1}(x)$

24

[解 I]

$\int_0^{\frac{\pi}{2}} \dfrac{\cos^5 x}{1-\sin x} \, dx$

$= \int_0^{\frac{\pi}{2}} \dfrac{\cos x \cdot \cos^4 x}{1-\sin x} \, dx$ ◀ $\cos^5 x$ を $\cos x \cdot \square$ の形にした

$= \int_0^{\frac{\pi}{2}} \dfrac{\cos x \, (\cos^2 x)^2}{1-\sin x} \, dx$ ◀ $\cos^4 x = (\cos^2 x)^2$

$= \int_0^{\frac{\pi}{2}} \dfrac{\cos x \, (1-\sin^2 x)^2}{1-\sin x} \, dx$ ◀ $\cos^2 x = 1-\sin^2 x$

$= \int_0^{\frac{\pi}{2}} \dfrac{\cos x \{(1-\sin x)(1+\sin x)\}^2}{1-\sin x} \, dx$ ◀ $1-\sin^2 x = (1-\sin x)(1+\sin x)$

$$= \int_0^{\frac{\pi}{2}} \frac{\cos x\,(1-\sin x)^2(1+\sin x)^2}{1-\sin x}\,dx \quad \blacktriangleleft (AB)^2 = A^2 B^2$$

$$= \int_0^{\frac{\pi}{2}} \cos x\,(1-\sin x)(1+\sin x)^2\,dx \quad \blacktriangleleft 分母分子の 1-\sin x を約分した！$$

$$= \int_0^{\frac{\pi}{2}} \cos x\,(1-\sin x)(1+\sin x)(1+\sin x)\,dx \quad \blacktriangleleft (1+\sin x)^2 = (1+\sin x)(1+\sin x)$$

$$= \int_0^{\frac{\pi}{2}} \cos x\,(1-\sin^2 x)(1+\sin x)\,dx \quad \blacktriangleleft (a-b)(a+b)=a^2-b^2 を使った！$$

$$= \int_0^{\frac{\pi}{2}} \cos x\,(-\sin^3 x - \sin^2 x + \sin x + 1)\,dx \quad \blacktriangleleft 展開した$$

$$= -\int_0^{\frac{\pi}{2}} \cos x \sin^3 x\,dx - \int_0^{\frac{\pi}{2}} \cos x \sin^2 x\,dx + \int_0^{\frac{\pi}{2}} \cos x \sin x\,dx + \int_0^{\frac{\pi}{2}} \cos x\,dx$$

$$= -\int_0^{\frac{\pi}{2}} (\sin x)' \sin^3 x\,dx - \int_0^{\frac{\pi}{2}} (\sin x)' \sin^2 x\,dx + \int_0^{\frac{\pi}{2}} (\sin x)' \sin x\,dx + \int_0^{\frac{\pi}{2}} \cos x\,dx$$

$$= -\left[\frac{\sin^4 x}{4}\right]_0^{\frac{\pi}{2}} - \left[\frac{\sin^3 x}{3}\right]_0^{\frac{\pi}{2}} + \left[\frac{\sin^2 x}{2}\right]_0^{\frac{\pi}{2}} + \left[\sin x\right]_0^{\frac{\pi}{2}} \quad \blacktriangleleft \text{Point 8.1 を使った}$$

$$= -\frac{1}{4} - \frac{1}{3} + \frac{1}{2} + 1 \quad \blacktriangleleft \sin\frac{\pi}{2}=1,\ \sin 0 = 0$$

$$= \frac{11}{12} \quad \blacktriangleleft -\frac{3}{12} - \frac{4}{12} + \frac{6}{12} + \frac{12}{12}$$

[解 II]

$$\int_0^{\frac{\pi}{2}} \frac{\cos^5 x}{1-\sin x}\,dx$$

$$= \int_0^{\frac{\pi}{2}} \frac{\cos^5 x}{1-\sin x} \cdot \frac{1+\sin x}{1+\sin x}\,dx \quad \blacktriangleleft 分母分子に 1+\sin x を掛けた！$$

$$= \int_0^{\frac{\pi}{2}} \frac{\cos^5 x\,(1+\sin x)}{1-\sin^2 x}\,dx \quad \blacktriangleleft (1-\sin x)(1+\sin x) = 1-\sin^2 x$$

$$= \int_0^{\frac{\pi}{2}} \frac{\cos^5 x\,(1+\sin x)}{\cos^2 x}\,dx \quad \blacktriangleleft 1-\sin^2 x = \cos^2 x$$

$$= \int_0^{\frac{\pi}{2}} \cos^3 x (1+\sin x)\, dx \quad \blacktriangleleft 分母分子の\cos^2x を約分した！$$

$$= \int_0^{\frac{\pi}{2}} \cos^3 x\, dx + \int_0^{\frac{\pi}{2}} \sin x \cos^3 x\, dx \quad \blacktriangleleft 展開した$$

$$= \int_0^{\frac{\pi}{2}} \frac{1}{4}(\cos 3x + 3\cos x)\, dx - \int_0^{\frac{\pi}{2}} (-\sin x)\cos^3 x\, dx \quad \blacktriangleleft Point 8.2 ②を使った \\ (例題34[別解]参照)$$

$$= \frac{1}{4}\int_0^{\frac{\pi}{2}} \cos 3x\, dx + \frac{3}{4}\int_0^{\frac{\pi}{2}} \cos x\, dx - \int_0^{\frac{\pi}{2}} (\cos x)'\cos^3 x\, dx \quad \blacktriangleleft (\cos x)' = -\sin x$$

$$= \frac{1}{4}\left[\frac{1}{3}\sin 3x\right]_0^{\frac{\pi}{2}} + \frac{3}{4}\left[\sin x\right]_0^{\frac{\pi}{2}} - \left[\frac{\cos^4 x}{4}\right]_0^{\frac{\pi}{2}} \quad \blacktriangleleft Point 8.1 を使った$$

$$= \frac{1}{12}\sin\frac{3}{2}\pi + \frac{3}{4}\sin\frac{\pi}{2} + \frac{\cos^4 0}{4} \quad \blacktriangleleft \sin 0 = 0,\ \cos\frac{\pi}{2} = 0$$

$$= -\frac{1}{12} + \frac{3}{4} + \frac{1}{4} \quad \blacktriangleleft \sin\frac{3}{2}\pi = -1,\ \sin\frac{\pi}{2} = 1,\ \cos 0 = 1$$

$$= \underline{\frac{11}{12}} \quad \blacktriangleleft -\frac{1}{12} + 1$$

25

[考え方]

まず，**Point 7.2** に従うと，

$\displaystyle\int \frac{2x}{\sqrt{9-x^2}}\, dx$ を求めるためには

$x = 3\sin\theta$（または $x = 3\cos\theta$）とおけばいいよね。
だけど，置換積分ってちょっと面倒くさいから できれば使いたくないよね。

実は，**例題 38** と同様に

$\displaystyle\int \frac{2x}{\sqrt{9-x^2}}\, dx$ は特殊な形なので，次のように変形すれば

置換しなくてすむのである！

$\int f'(x)f^n(x)\,dx$ 型の積分　53

まず,

$\boxed{\int \dfrac{2x}{\sqrt{9-x^2}}\,dx \text{ は } \int \dfrac{2x}{(9-x^2)^{\frac{1}{2}}}\,dx \text{ と書き直せる}}$ よね。　◀ $\sqrt{A}=A^{\frac{1}{2}}$

さらに, $\dfrac{1}{a^n}=a^{-n}$ を考え

$\boxed{\int \dfrac{2x}{(9-x^2)^{\frac{1}{2}}}\,dx \text{ は } \int 2x(9-x^2)^{-\frac{1}{2}}\,dx \text{ と書き直せる}}$ よね。

$\underline{\int 2x(9-x^2)^{-\frac{1}{2}}\,dx}$ だったら分かるよね。

$(9-x^2)'=-2x$ を考え,

$\quad \int 2x(9-x^2)^{-\frac{1}{2}}\,dx$

$=-\int(-2x)(9-x^2)^{-\frac{1}{2}}\,dx$　◀ $-(-1)[=1]$ を掛けて x の係数を -2 にした!

$=-\int(9-x^2)'(9-x^2)^{-\frac{1}{2}}\,dx$　◀ $(9-x^2)'=-2x$

$=-\dfrac{1}{\frac{1}{2}}(9-x^2)^{\frac{1}{2}}$　◀ $\int f'(x)f^n(x)\,dx = \dfrac{1}{n+1}f^{n+1}(x)$ $[n=-\frac{1}{2}$ の場合$]$

$=\underline{-2(9-x^2)^{\frac{1}{2}}}$　◀ $\dfrac{1}{\frac{1}{2}}$ の分母分子に 2 を掛けると, $\dfrac{1\times 2}{\frac{1}{2}\times 2}=\dfrac{2}{1}=2$

[解答]

$\quad \int \dfrac{2x}{\sqrt{9-x^2}}\,dx$

$=\int \dfrac{2x}{(9-x^2)^{\frac{1}{2}}}\,dx$　◀ $\sqrt{A}=A^{\frac{1}{2}}$

$=\int 2x(9-x^2)^{-\frac{1}{2}}\,dx$　◀ $\dfrac{1}{a^n}=a^{-n}$

$=-\int(-2x)(9-x^2)^{-\frac{1}{2}}\,dx$　◀ $-(-1)[=1]$ を掛けて x の係数を -2 にした!

$= -\int (9-x^2)'(9-x^2)^{-\frac{1}{2}} dx$ ◀ $(9-x^2)'=-2x$

$= -\frac{1}{\frac{1}{2}}(9-x^2)^{\frac{1}{2}}$ ◀ $\int f'(x) f^n(x) dx = \frac{1}{n+1} f^{n+1}(x)$ [$n=-\frac{1}{2}$ の場合]

$= -2(9-x^2)^{\frac{1}{2}}$ ◀ $\frac{1}{\frac{1}{2}}$ の分母分子に 2 を掛けると, $\frac{1\times 2}{\frac{1}{2}\times 2} = \frac{2}{1} = 2$

26

[考え方]

まず，一見すると

$\int \sin 2x \sqrt{\sin^2 x + 9}\, dx$ はよく分からない形をしているよね。

だけど，$\sin 2x = 2\sin x \cos x$ という公式を使えば

$\int \sin 2x \sqrt{\sin^2 x + 9}\, dx$ は

$2\int \sin x \cos x \sqrt{\sin^2 x + 9}\, dx$ と書き直すことができる！

$\int \sin x \cos x \sqrt{\sin^2 x + 9}\, dx$ だったら 例題 39 (2) の **重要事項** の

$\int \sin x \cos x \sqrt{\sin^2 x + A}\, dx$ の形をしているので簡単に解けるよね。

[解答]

$\int \sin 2x \sqrt{\sin^2 x + 9}\, dx$

$= \int 2\sin x \cos x \sqrt{\sin^2 x + 9}\, dx$ ◀ $\sin 2x = 2\sin x \cos x$

$= \int (\sin^2 x + 9)' \sqrt{\sin^2 x + 9}\, dx$ ◀ $(\sin^2 x + 9)' = 2\sin x \cos x$

$= \int (\sin^2 x + 9)' (\sin^2 x + 9)^{\frac{1}{2}} dx$ ◀ $\sqrt{A} = A^{\frac{1}{2}}$

$$= \frac{1}{\frac{3}{2}}(\sin^2 x+9)^{\frac{3}{2}} \quad \blacktriangleleft \int f'(x)f^n(x)dx = \frac{1}{n+1}f^{n+1}(x) \ \left[n=\frac{1}{2}\text{の場合}\right]$$

$$= \frac{2}{3}(\sin^2 x+9)^{\frac{3}{2}} \quad \blacktriangleleft \frac{1}{\frac{3}{2}}\text{の分母分子に2を掛けると,}\ \frac{1\times 2}{\frac{3}{2}\times 2} = \frac{2}{3}$$

27

[解答]

$$\int \frac{(\log x)^4}{x}dx$$

$$= \int \frac{1}{x}\cdot (\log x)^4 dx \quad \blacktriangleleft \frac{A}{B} = \frac{1}{B}\cdot A$$

$$= \int (\log x)'(\log x)^4 dx \quad \blacktriangleleft (\log x)' = \frac{1}{x}$$

$$= \frac{1}{5}(\log x)^5 \quad \blacktriangleleft \int f'(x)f^n(x)dx = \frac{1}{n+1}f^{n+1}(x) \ [n=4\text{の場合}]$$

Section 9 $\int \dfrac{f'(x)}{f(x)} dx = \log f(x)$ 型の積分 PART-2
〜e^x の分数関数の積分〜

28

[考え方]

まず，$\dfrac{e^x}{e^x + e^{a-2x}}$ の分母と分子には

e^x という共通な変数があるけれど，
分母には e^{a-2x} という分子にはない変数もあるよね。

そこで，
分母にある不要な変数の e^{a-2x} を消去するために

$\boxed{\begin{array}{l} e^{a-2x} \text{ は } e^{2x} \text{ を掛ければ} \\ e^{a-2x} \cdot e^{2x} = e^a \text{ のように} \\ x \text{が消えて変数でなくなる} \end{array}}$ ◀ $e^{a-2x} \cdot e^{2x} = e^{a-2x+2x} = e^a$

ことを考え，

$\boxed{\text{分母分子に } e^{2x} \text{ を掛ける}}$ と

$\dfrac{e^x}{e^x + e^{a-2x}} \cdot \dfrac{e^{2x}}{e^{2x}}$ ◀ 分母分子に e^{2x} を掛けた！

$= \dfrac{e^{3x}}{e^{3x} + e^a}$ のように ◀ $e^x \cdot e^{2x} = e^{3x}$，$e^{a-2x} \cdot e^{2x} = e^a$

分母と分子の変数は共に e^{3x} だけになった！ ◀ 分母と分子の変数がすべて一致した！

あとは，今までの問題と同様に

$\int \dfrac{f'(x)}{f(x)} dx = \log f(x)$ （ただし，$f(x) > 0$）を使えば解けそうだね。

[解答]

$$\int \frac{e^x}{e^x + e^{a-2x}} dx$$

$$= \int \frac{e^x}{e^x + e^{a-2x}} \cdot \frac{e^{2x}}{e^{2x}} dx \quad \blacktriangleleft 分母分子に e^{2x} を掛けて不要な e^{a-2x} を消去する！$$

$$= \int \frac{e^{3x}}{e^{3x} + e^a} dx \quad \blacktriangleleft e^x \cdot e^{2x} = e^{3x},\ e^{a-2x} \cdot e^{2x} = e^a$$

$$= \frac{1}{3} \int \frac{3e^{3x}}{e^{3x} + e^a} dx \quad \blacktriangleleft \frac{1}{3} \cdot 3 \,[=1]\, を掛けて e^{3x} の係数を3にした！$$

$$= \frac{1}{3} \int \frac{(e^{3x} + e^a)'}{e^{3x} + e^a} dx \quad \blacktriangleleft (e^{3x} + e^a)' = 3e^{3x}\ [e^a は定数なので！]$$

$$= \frac{1}{3} \log(e^{3x} + e^a) \quad \blacktriangleleft \int \frac{f'(x)}{f(x)} dx = \log f(x)\ [ただし, f(x) > 0]$$

29

[考え方]

まず $\dfrac{e^{-x}}{e^x + e^{-x}}$ の分母と分子には

e^{-x} という共通な変数があるけれど，
分母には e^x という 分子にはない変数もあるよね。

そこで，
分母にある不要な変数の e^x を消去するために
e^x は e^{-x} を掛ければ
$e^x \cdot e^{-x} = 1$ のように　　$\blacktriangleleft e^x \cdot e^{-x} = e^0 = 1$
変数でなくなる　ことを考え，

分母分子に e^{-x} を掛ける　と

$$\frac{e^{-x}}{e^x+e^{-x}} \cdot \frac{e^{-x}}{e^{-x}} \quad \blacktriangleleft 分母分子に e^{-x} を掛けた！$$

$$=\frac{e^{-2x}}{1+e^{-2x}} \text{ のように} \quad \blacktriangleleft e^{-x} \cdot e^{-x} = e^{-2x},\ e^{x} \cdot e^{-x} = e^{0} = 1$$

分母と分子の変数は共に e^{-2x} だけになった！　◀ 分母と分子の変数がすべて一致した！

あとは，今までの問題と同様に

$\displaystyle\int \frac{f'(x)}{f(x)}dx = \log f(x)$　（ただし，$f(x) > 0$）を使えば解けそうだね。

[解答]

$$\int \frac{e^{-x}}{e^x+e^{-x}}dx$$

$$=\int \frac{e^{-x}}{e^x+e^{-x}} \cdot \frac{e^{-x}}{e^{-x}}dx \quad \blacktriangleleft 分母分子に e^{-x} を掛けて不要な e^{x} を消去する！$$

$$=\int \frac{e^{-2x}}{1+e^{-2x}}dx \quad \blacktriangleleft e^{-x} \cdot e^{-x} = e^{-2x},\ e^{x} \cdot e^{-x} = e^{0} = 1$$

$$=-\frac{1}{2}\int \frac{-2e^{-2x}}{1+e^{-2x}}dx \quad \blacktriangleleft -\frac{1}{2} \cdot (-2)[=1] を掛けて e^{-2x} の係数を -2 にした！$$

$$=-\frac{1}{2}\int \frac{(1+e^{-2x})'}{1+e^{-2x}}dx \quad \blacktriangleleft (1+e^{-2x})' = -2e^{-2x}$$

$$=-\frac{1}{2}\log(1+e^{-2x}) \quad \blacktriangleleft \int \frac{f'(x)}{f(x)}dx = \log f(x)\ [ただし, f(x) > 0]$$

30

[考え方]

まず $\dfrac{1}{e^x-1}$ の

分子には変数が1つもないけれど，

分母には e^x という 分子にはない変数があるよね。

そこで，
分母にある不要な変数の e^x を消去するために

e^x は e^{-x} を掛ければ
$e^x \cdot e^{-x} = 1$ のように
変数でなくなる   ことを考え， ◀ $e^x \cdot e^{-x} = e^0 = 1$

分母分子に e^{-x} を掛ける と

$$\frac{1}{e^x - 1} \cdot \frac{e^{-x}}{e^{-x}}$$ ◀ 分母分子に e^{-x} を掛けた！

$$= \frac{e^{-x}}{1 - e^{-x}}$$ のように ◀ $1 \cdot e^{-x} = e^{-x}$, $e^x \cdot e^{-x} = e^0 = 1$

分母と分子の変数は共に e^{-x} だけになった！ ◀ 分母と分子の変数が
すべて一致した！

あとは，今までの問題と同様に

$\int \dfrac{f'(x)}{f(x)} dx = \log f(x)$ （ただし，$f(x) > 0$） を使えば解けそうだね。

[解答]

$$\int \frac{1}{e^x - 1} dx$$

$$= \int \frac{1}{e^x - 1} \cdot \frac{e^{-x}}{e^{-x}} dx$$ ◀ 分母分子に e^{-x} を掛けて不要な e^x を消去する！

$$= \int \frac{e^{-x}}{1 - e^{-x}} dx$$ ◀ $1 \cdot e^{-x} = e^{-x}$, $e^x \cdot e^{-x} = e^0 = 1$

$$= \int \frac{(1 - e^{-x})'}{1 - e^{-x}} dx$$ ◀ $(1 - e^{-x})' = e^{-x}$

$$= \log|1 - e^{-x}|$$ ◀ $1 - e^{-x}$ は正とは限らないので $\int \dfrac{f'(x)}{f(x)} dx = \log f(x)$ [ただし，$f(x) \geq 0$]
を使うために $|1 - e^{-x}|$ としなければならない

31

[考え方]

まず，$\dfrac{e^x-1}{e^{2x}+e^{-x}}$ については，

分子には e^x という変数が1つあるけれど，
分母には e^{2x} と e^{-x} という 分子にはない変数が2つもあるよね。
分母に変数が2つもあると考えにくいから，とりあえず
どちらか1つを消去して分母の変数を1つだけにしたいよね。

そこで，
e^{2x} は e^{-x} よりも考えやすそうなので，　　◀ 一般に e^{-a} は考えにくい！
考えにくい e^{-x} を消去してみよう。

$\boxed{\dfrac{e^x-1}{e^{2x}+e^{-x}} \text{の分母分子に } e^x \text{ を掛ける}}$ と，　　◀ e^{-x} を消去する

$\dfrac{e^x-1}{e^{2x}+e^{-x}} \cdot \dfrac{e^x}{e^x}$

$=\dfrac{e^{2x}-e^x}{e^{3x}+e^0}$ 　◀ $e^{-x}\cdot e^x = e^0$

$=\dfrac{e^{2x}-e^x}{e^{3x}+1}$ が得られる。　　◀ 分母の変数が1つになった！

だけど，

$\dfrac{e^{2x}-e^x}{e^{3x}+1}$ と変形しても，まだ
分母分子に共通な変数がないので よく分からないよね。

そこで，
さらに $\dfrac{e^{2x}-e^x}{e^{3x}+1}$ を変形してみよう。

まず，
$\boxed{\text{分母の } e^{3x}+1 \text{ は } a^3+b^3 \text{ の形をしている}}$ よね。　◀ $e^{3x}+1=(e^x)^3+1^3$

だから，$a^3+b^3=(a+b)(a^2-ab+b^2)$ を使えば $e^{3x}+1$ は次のように因数分解できるよね。

$$\frac{e^{2x}-e^x}{e^{3x}+1}=\frac{e^{2x}-e^x}{(e^x+1)(e^{2x}-e^x+1)} \quad \blacktriangleleft (e^x)^3+1^3=(e^x+1)(e^{2x}-e^x+1)$$

さらに，$\dfrac{e^{2x}-e^x}{(e^x+1)(e^{2x}-e^x+1)}$ は

$$\frac{e^{2x}-e^x}{(e^x+1)(e^{2x}-e^x+1)}=\frac{\frac{2}{3}}{e^x+1}+\frac{\frac{1}{3}e^x-\frac{2}{3}}{e^{2x}-e^x+1}$$

のように部分分数に分けることができるよね。 ◀[解説]を見よ

以上より，

$$\int \frac{e^x-1}{e^{2x}+e^{-x}}\,dx$$

$$=\int \frac{e^x-1}{e^{2x}+e^{-x}}\cdot\frac{e^x}{e^x}\,dx \quad \blacktriangleleft 分母分子に\ e^x\ を掛けた$$

$$=\int \frac{e^{2x}-e^x}{e^{3x}+1}\,dx \quad \blacktriangleleft e^a\cdot e^b=e^{a+b},\ e^{-x}\cdot e^x=e^0=1$$

$$=\int \frac{e^{2x}-e^x}{(e^x+1)(e^{2x}-e^x+1)}\,dx \quad \blacktriangleleft e^{3x}+1=(e^x+1)(e^{2x}-e^x+1)$$

$$=\int \left(\frac{\frac{2}{3}}{e^x+1}+\frac{\frac{1}{3}e^x-\frac{2}{3}}{e^{2x}-e^x+1}\right)dx \quad \blacktriangleleft 部分分数に分けた！([解説]を見よ)$$

$$=\frac{2}{3}\int \frac{1}{e^x+1}\,dx+\frac{1}{3}\int \frac{e^x-2}{e^{2x}-e^x+1}\,dx \ \text{が得られる。}$$

よって，あとは

$\displaystyle\int \frac{1}{e^x+1}\,dx$ と $\displaystyle\int \frac{e^x-2}{e^{2x}-e^x+1}\,dx$ を求めればいいよね。

$\boxed{\int \dfrac{1}{e^x+1}\,dx}$ について

$\int \dfrac{1}{e^x+1}\,dx$ ◀ 分母には、分子にない e^x がある！

$= \int \dfrac{1}{e^x+1} \cdot \dfrac{e^{-x}}{e^{-x}}\,dx$ ◀ 分母分子に e^{-x} を掛けて不要な e^x を消去する！

$= \int \dfrac{e^{-x}}{1+e^{-x}}\,dx$ ◀ $e^x \cdot e^{-x} = e^0 = \underline{1}$

$= -\int \dfrac{-e^{-x}}{1+e^{-x}}\,dx$ ◀ $-(-1)\,[=1]$ を掛けて e^{-x} の係数を -1 にした！

$= -\int \dfrac{(1+e^{-x})'}{1+e^{-x}}\,dx$ ◀ $(1+e^{-x})' = -e^{-x}$

$= \underline{\underline{-\log(1+e^{-x})}}$ ◀ $\int \dfrac{f'(x)}{f(x)}\,dx = \log f(x)$ 〔ただし，$f(x) > 0$〕

$\boxed{\int \dfrac{e^x-2}{e^{2x}-e^x+1}\,dx}$ について

まず，$\dfrac{e^x-2}{e^{2x}-e^x+1}$ の分母と分子には

e^x という共通な変数があるけれど，
分母には e^{2x} という分子にはない変数もあるよね。
そこで，
分母にある不要な変数の e^{2x} を消去するために
$\boxed{e^{2x} \text{ は } e^{-2x} \text{ を掛ければ } e^{2x} \cdot e^{-2x} = \underline{1} \text{ のように}\\ \text{変数でなくなる}}$ ことを考え， ◀ $e^{2x} \cdot e^{-2x} = e^0 = \underline{1}$

$\boxed{\text{分母分子に } e^{-2x} \text{ を掛ける}}$ と

$\dfrac{e^x-2}{e^{2x}-e^x+1} \cdot \dfrac{e^{-2x}}{e^{-2x}}$

$= \dfrac{e^{-x}-2e^{-2x}}{1-e^{-x}+e^{-2x}}$ のように ◀ $e^a \cdot e^b = \underline{e^{a+b}}$, $e^{2x} \cdot e^{-2x} = e^0 = \underline{1}$

分母と分子の変数は共に e^{-2x} と e^{-x} だけになった！ ◀ 分母と分子の変数がすべて一致した！

あとは，今までの問題と同様に

$\int \dfrac{f'(x)}{f(x)} dx = \log f(x)$ （ただし，$f(x)>0$）を使えば解けそうだね。

以上のことを踏まえて

実際に $\int \dfrac{e^x-2}{e^{2x}-e^x+1} dx$ を求めてみよう。

$\int \dfrac{e^x-2}{e^{2x}-e^x+1} dx$ ◀ 分母には，分子にないe^{2x} がある！

$= \int \dfrac{e^x-2}{e^{2x}-e^x+1} \cdot \dfrac{e^{-2x}}{e^{-2x}} dx$ ◀ 分母分子にe^{-2x}を掛けて不要なe^{2x}を消去する！

$= \int \dfrac{e^{-x}-2e^{-2x}}{1-e^{-x}+e^{-2x}} dx$ ◀ $e^a \cdot e^b = e^{a+b}$，$e^{2x} \cdot e^{-2x} = e^0 = 1$

$= \int \dfrac{(1-e^{-x}+e^{-2x})'}{1-e^{-x}+e^{-2x}} dx$ ◀ $(1-e^{-x}+e^{-2x})' = e^{-x}-2e^{-2x}$

$= \underline{\log(1-e^{-x}+e^{-2x})}$ ◀ $\int \dfrac{f'(x)}{f(x)} dx = \log f(x)$ ［ただし，$f(x)>0$］

（注）$\boxed{\log(1-e^{-x}+e^{-2x})\ を\ \log|1-e^{-x}+e^{-2x}|\ にしない理由について}$

$1-e^{-x}+e^{-2x} = 1-\dfrac{1}{e^x}+\dfrac{1}{e^{2x}}$ ◀ $e^{-n} = \dfrac{1}{e^n}$

$\qquad = 1-\dfrac{1}{e^x}+\left(\dfrac{1}{e^x}\right)^2$ を考え ◀ $\dfrac{1}{e^x}$だけの式になった！

$\boxed{\dfrac{1}{e^x}=t}$ とおく と，

$1-e^{-x}+e^{-2x} = 1-t+t^2$

$\qquad = \boxed{\left(t-\dfrac{1}{2}\right)^2} + \dfrac{3}{4}$ より ◀ 平方完成した！

↑ 0以上である！

$\underline{1-e^{-x}+e^{-2x}>0}$ がいえる。

よって，

$\log(1-e^{-x}+e^{-2x})$ は $\log|1-e^{-x}+e^{-2x}|$ とする必要がない。

[解答]

$$\int \frac{e^x-1}{e^{2x}+e^{-x}}\,dx$$

$$=\int \frac{e^x-1}{e^{2x}+e^{-x}}\cdot\frac{e^x}{e^x}\,dx \quad \blacktriangleleft 分母分子に e^x を掛けた（[考え方]参照）$$

$$=\int \frac{e^{2x}-e^x}{e^{3x}+1}\,dx \quad \blacktriangleleft e^a\cdot e^b = e^{a+b},\ e^{-x}\cdot e^x = e^0 = 1$$

$$=\int \frac{e^{2x}-e^x}{(e^x+1)(e^{2x}-e^x+1)}\,dx \quad \blacktriangleleft 分母を因数分解した$$

$$=\frac{2}{3}\int \frac{1}{e^x+1}\,dx + \frac{1}{3}\int \frac{e^x-2}{e^{2x}-e^x+1}\,dx \quad \blacktriangleleft 部分分数に分けた（[解説]を見よ）$$

$$=\frac{2}{3}\int \frac{1}{e^x+1}\cdot\frac{e^{-x}}{e^{-x}}\,dx + \frac{1}{3}\int \frac{e^x-2}{e^{2x}-e^x+1}\cdot\frac{e^{-2x}}{e^{-2x}}\,dx \quad \blacktriangleleft [考え方]参照$$

$$=-\frac{2}{3}\int \frac{-e^{-x}}{1+e^{-x}}\,dx + \frac{1}{3}\int \frac{e^{-x}-2e^{-2x}}{1-e^{-x}+e^{-2x}}\,dx \quad \blacktriangleleft e^{-x}=-(-e^{-x})$$

$$=-\frac{2}{3}\int \frac{(1+e^{-x})'}{1+e^{-x}}\,dx + \frac{1}{3}\int \frac{(1-e^{-x}+e^{-2x})'}{1-e^{-x}+e^{-2x}}\,dx \quad \blacktriangleleft \begin{cases}(1+e^{-x})'=-e^{-x}\\(1-e^{-x}+e^{-2x})'=e^{-x}-2e^{-2x}\end{cases}$$

$$=-\frac{2}{3}\log(1+e^{-x}) + \frac{1}{3}\log(1-e^{-x}+e^{-2x}) \quad \blacktriangleleft \int \frac{f'(x)}{f(x)}\,dx = \log f(x)\ [ただし, f(x)>0]$$

//

(注)

$-\dfrac{2}{3}\log(1+e^{-x}) + \dfrac{1}{3}\log(1-e^{-x}+e^{-2x})$ は次のようにも変形できる。

$$-\frac{2}{3}\log(1+e^{-x}) + \frac{1}{3}\log(1-e^{-x}+e^{-2x})$$

$$=-\frac{2}{3}\log\left(1+\frac{1}{e^x}\right) + \frac{1}{3}\log\left(1-\frac{1}{e^x}+\frac{1}{e^{2x}}\right) \quad \blacktriangleleft a^{-n}=\frac{1}{a^n}$$

$$=-\frac{2}{3}\log\left(\frac{e^x+1}{e^x}\right) + \frac{1}{3}\log\left(\frac{e^{2x}-e^x+1}{e^{2x}}\right) \quad \blacktriangleleft 分母をそろえた$$

$$=-\frac{2}{3}\{\log(e^x+1)-\log e^x\} + \frac{1}{3}\{\log(e^{2x}-e^x+1)-\log e^{2x}\} \quad \blacktriangleleft \log\frac{A}{B}=\log A - \log B$$

$\int \frac{f'(x)}{f(x)} dx = \log f(x)$ 型の積分 PART-2 〜e^x の分数関数の積分〜

$= -\frac{2}{3}\{\log(e^x+1) - x\} + \frac{1}{3}\{\log(e^{2x}-e^x+1) - 2x\}$ ◀ $\log e^n = n\log e = n$

$= -\frac{2}{3}\log(e^x+1) + \frac{2}{3}x + \frac{1}{3}\log(e^{2x}-e^x+1) - \frac{2}{3}x$ ◀ 展開した

$= -\frac{2}{3}\log(e^x+1) + \frac{1}{3}\log(e^{2x}-e^x+1)$ ◀ 整理した

[解説] 部分分数のつくり方について

まず，一般に $\dfrac{(2\text{次以下の式})}{(X+A)(X^2+BX+C)}$ の形の式は

$$\frac{(2\text{次以下の式})}{(X+A)(X^2+BX+C)} = \frac{a}{X+A} + \frac{bX+c}{X^2+BX+C} \quad \cdots\cdots(*)$$

のように変形できる。 ◀ 必ず覚えること！

よって，

$\dfrac{e^{2x}-e^x}{(e^x+1)(e^{2x}-e^x+1)}$ は $\dfrac{X^2-X}{(X+1)(X^2-X+1)}$ の形なので ◀ e^x を X とおいた！

$(*)$ より

$\dfrac{e^{2x}-e^x}{(e^x+1)(e^{2x}-e^x+1)} = \dfrac{a}{e^x+1} + \dfrac{be^x+c}{e^{2x}-e^x+1}$ が得られる。

$\boxed{\dfrac{e^{2x}-e^x}{(e^x+1)(e^{2x}-e^x+1)} = \dfrac{a}{e^x+1} + \dfrac{be^x+c}{e^{2x}-e^x+1} \text{ の } a, b, c \text{ の求め方}}$

$\dfrac{e^{2x}-e^x}{(e^x+1)(e^{2x}-e^x+1)} = \dfrac{a}{e^x+1} + \dfrac{be^x+c}{e^{2x}-e^x+1}$

$\Leftrightarrow \dfrac{e^{2x}-e^x}{(e^x+1)(e^{2x}-e^x+1)} = \dfrac{(e^{2x}-e^x+1)a + (e^x+1)(be^x+c)}{(e^x+1)(e^{2x}-e^x+1)}$ ◀ 右辺の分母をそろえた

$\Leftrightarrow \dfrac{e^{2x}-e^x}{(e^x+1)(e^{2x}-e^x+1)} = \dfrac{ae^{2x} - ae^x + a + be^{2x} + ce^x + be^x + c}{(e^x+1)(e^{2x}-e^x+1)}$ ◀ 右辺の分子を展開した

$\Leftrightarrow \dfrac{e^{2x}-e^x}{(e^x+1)(e^{2x}-e^x+1)} = \dfrac{(a+b)e^{2x} + (-a+b+c)e^x + a+c}{(e^x+1)(e^{2x}-e^x+1)}$ ◀ 右辺の分子を整理した

両辺の分母は等しいので，　◀ 分母は共に $(e^x+1)(e^{2x}-e^x+1)$ である

（左辺の分子）＝（右辺の分子）を考え　◀ $\frac{A}{C}=\frac{B}{C} \Rightarrow A=B$

$$e^{2x}-e^x = (a+b)e^{2x}+(-a+b+c)e^x+a+c$$
$$\Leftrightarrow (a+b-1)e^{2x}+(-a+b+c+1)e^x+a+c=0 \quad \cdots\cdots(\bigstar)$$

◀ e^{2x} と e^x について整理した

がいえる。

さらに，

$(\bigstar)$ は任意の x について成立するので，　◀ x についての恒等式

$$\begin{cases} a+b-1=0 & \cdots\cdots① \\ -a+b+c+1=0 & \cdots\cdots② \\ a+c=0 & \cdots\cdots③ \end{cases}$$

◀ (e^{2x} の係数)＝0
◀ (e^x の係数)＝0
◀ (定数項)＝0

がいえる。

①と②と③から

$a=\frac{2}{3}$, $b=\frac{1}{3}$, $c=-\frac{2}{3}$ が得られるので，

$$\frac{e^{2x}-e^x}{(e^x+1)(e^{2x}-e^x+1)} = \frac{a}{e^x+1} + \frac{be^x+c}{e^{2x}-e^x+1}$$ を考え，

$$\frac{e^{2x}-e^x}{(e^x+1)(e^{2x}-e^x+1)} = \frac{\frac{2}{3}}{e^x+1} + \frac{\frac{1}{3}e^x-\frac{2}{3}}{e^{2x}-e^x+1}$$ が得られる。

[別解について]　◀ この問題は特殊な形をしているので，次のようにも解くことができる

まず，$\dfrac{e^{2x}-e^x}{(e^x+1)(e^{2x}-e^x+1)}$ の

分母の $e^{2x}-e^x+1$ と分子の $e^{2x}-e^x$ はほとんど同じ形だよね。

もしも，分子の $e^{2x}-e^x$ が $e^{2x}-e^x+1$ だったら

$$\frac{e^{2x}-e^x+1}{(e^x+1)(e^{2x}-e^x+1)} = \frac{1}{e^x+1}$$ のように

分母と分子の $e^{2x}-e^x+1$ が約分できてキレイな式になる よね。

そこで，

分子の $e^{2x}-e^x$ を $(e^{2x}-e^x+1)-1$ と変形する と

$$\frac{e^{2x}-e^x}{(e^x+1)(e^{2x}-e^x+1)}$$

$$=\frac{(e^{2x}-e^x+1)-1}{(e^x+1)(e^{2x}-e^x+1)} \quad \blacktriangleleft 分子に (e^{2x}-e^x+1) をつくった$$

$$=\frac{(e^{2x}-e^x+1)}{(e^x+1)(e^{2x}-e^x+1)}-\frac{1}{(e^x+1)(e^{2x}-e^x+1)} \quad \blacktriangleleft \frac{A-B}{C}=\frac{A}{C}-\frac{B}{C}$$

$$=\frac{1}{e^x+1}-\frac{1}{(e^x+1)(e^{2x}-e^x+1)} \quad \blacktriangleleft 分母分子の e^{2x}-e^x+1 を約分した！$$

$$=\underline{\underline{\frac{1}{e^x+1}-\frac{1}{e^{3x}+1}}} のように \quad \blacktriangleleft (e^x+1)(e^{2x}-e^x+1)=e^{3x}+1$$

キレイな式になった！

よって，

$$\int\frac{e^{2x}-e^x}{(e^x+1)(e^{2x}-e^x+1)}\,dx$$

$$=\int\left(\frac{1}{e^x+1}-\frac{1}{e^{3x}+1}\right)dx$$

$$=\underline{\underline{\int\frac{1}{e^x+1}\,dx-\int\frac{1}{e^{3x}+1}\,dx}} \text{ が得られるので，}$$

$$\int\frac{e^{2x}-e^x}{(e^x+1)(e^{2x}-e^x+1)}\,dx を求めるためには$$

$$\int\frac{1}{e^x+1}\,dx \text{ と } \int\frac{1}{e^{3x}+1}\,dx \text{ を求めればいいよね。}$$

$$\boxed{\int\frac{1}{e^x+1}\,dx} について$$

$$\int\frac{1}{e^x+1}\,dx \quad \blacktriangleleft 分母には，分子にない e^x がある！$$

$$=\int\frac{1}{e^x+1}\cdot\frac{e^{-x}}{e^{-x}}\,dx \quad \blacktriangleleft 分母分子に e^{-x} を掛けて不要な e^x を消去する！$$

$$=\int\frac{e^{-x}}{1+e^{-x}}\,dx \quad \blacktriangleleft e^x\cdot e^{-x}=e^0=\underline{\underline{1}}$$

$$= -\int \frac{-e^{-x}}{1+e^{-x}} dx \quad \blacktriangleleft -(-1)[=1]\text{を掛けて}e^{-x}\text{の係数を}-1\text{にした！}$$

$$= -\int \frac{(1+e^{-x})'}{1+e^{-x}} dx \quad \blacktriangleleft (1+e^{-x})'=-e^{-x}$$

$$= \underline{\underline{-\log(1+e^{-x})}} \quad \blacktriangleleft \int \frac{f'(x)}{f(x)} dx = \log f(x) \quad [\text{ただし}, f(x)>0]$$

$\boxed{\int \frac{1}{e^{3x}+1} dx}$ について

$$\int \frac{1}{e^{3x}+1} dx \quad \blacktriangleleft \text{分母には,分子にない}e^{3x}\text{がある！}$$

$$= \int \frac{1}{e^{3x}+1} \cdot \frac{e^{-3x}}{e^{-3x}} dx \quad \blacktriangleleft \text{分母分子に}e^{-3x}\text{を掛けて不要な}e^{3x}\text{を消去する！}$$

$$= \int \frac{e^{-3x}}{1+e^{-3x}} dx \quad \blacktriangleleft e^{3x} \cdot e^{-3x} = e^{0} = \underline{1}$$

$$= -\frac{1}{3}\int \frac{-3e^{-3x}}{1+e^{-3x}} dx \quad \blacktriangleleft -\frac{1}{3} \cdot (-3)[=1]\text{を掛けて}e^{-3x}\text{の係数を}-3\text{にした}$$

$$= -\frac{1}{3}\int \frac{(1+e^{-3x})'}{1+e^{-3x}} dx \quad \blacktriangleleft (1+e^{-3x})'=-3e^{-3x}$$

$$= \underline{\underline{-\frac{1}{3}\log(1+e^{-3x})}} \quad \blacktriangleleft \int \frac{f'(x)}{f(x)} dx = \log f(x) \quad [\text{ただし}, f(x)>0]$$

[別解]

$$\int \frac{e^x-1}{e^{2x}+e^{-x}} dx$$

$$= \int \frac{e^x-1}{e^{2x}+e^{-x}} \cdot \frac{e^x}{e^x} dx \quad \blacktriangleleft \text{分母分子に}e^x\text{を掛けた（[考え方]参照）}$$

$$= \int \frac{e^{2x}-e^x}{e^{3x}+1} dx \quad \blacktriangleleft e^{-x}\text{を消去した}$$

$$= \int \frac{e^{2x}-e^x}{(e^x+1)(e^{2x}-e^x+1)} dx \quad \blacktriangleleft \text{分母を因数分解した}$$

$$= \int \frac{(e^{2x}-e^x+1)-1}{(e^x+1)(e^{2x}-e^x+1)} dx \quad \blacktriangleleft e^{2x}-e^x = (e^{2x}-e^x+1)-1$$

$$= \int \frac{e^{2x}-e^x+1}{(e^x+1)(e^{2x}-e^x+1)} dx - \int \frac{1}{(e^x+1)(e^{2x}-e^x+1)} dx \quad \blacktriangleleft \frac{A-B}{C}=\frac{A}{C}-\frac{B}{C}$$

$$= \int \frac{1}{e^x+1} dx - \int \frac{1}{e^{3x}+1} dx \quad \blacktriangleleft 分母分子の e^{2x}-e^x+1 を約分した$$

$$= \int \frac{1}{e^x+1} \cdot \frac{e^{-x}}{e^{-x}} dx - \int \frac{1}{e^{3x}+1} \cdot \frac{e^{-3x}}{e^{-3x}} dx \quad \blacktriangleleft [別解について]参照.$$

$$= \int \frac{e^{-x}}{1+e^{-x}} dx - \int \frac{e^{-3x}}{1+e^{-3x}} dx \quad \blacktriangleleft e^x と e^{3x} を消去した$$

$$= -\int \frac{-e^{-x}}{1+e^{-x}} dx + \frac{1}{3}\int \frac{-3e^{-3x}}{1+e^{-3x}} dx$$

$$= -\int \frac{(1+e^{-x})'}{1+e^{-x}} dx + \frac{1}{3}\int \frac{(1+e^{-3x})'}{1+e^{-3x}} dx \quad \blacktriangleleft \begin{cases}(1+e^{-x})'=-e^{-x}\\(1+e^{-3x})'=-3e^{-3x}\end{cases}$$

$$= -\log(1+e^{-x}) + \frac{1}{3}\log(1+e^{-3x}) \quad \blacktriangleleft \int \frac{f'(x)}{f(x)}dx = \log f(x)$$
$$\underline{\phantom{= -\log(1+e^{-x}) + \frac{1}{3}\log(1+e^{-3x})}}// \qquad [ただし, f(x)>0]$$

(注)

$-\log(1+e^{-x})+\frac{1}{3}\log(1+e^{-3x})$ は次のように変形すると

[解答] と同じ形になる。

$$-\log(1+e^{-x})+\frac{1}{3}\log(1+e^{-3x}) \quad \blacktriangleleft 1+e^{-3x}=1^3+(e^{-x})^3 より 1+e^{-3x} は a^3+b^3 の形である$$

$$= -\log(1+e^{-x})+\frac{1}{3}\log(1+e^{-x})(1-e^{-x}+e^{-2x}) \quad \blacktriangleleft a^3+b^3=(a+b)(a^2-ab+b^2)$$

$$= -\log(1+e^{-x})+\frac{1}{3}\log(1+e^{-x})+\frac{1}{3}\log(1-e^{-x}+e^{-2x}) \quad \blacktriangleleft \log AB = \log A + \log B$$

$$= -\frac{2}{3}\log(1+e^{-x})+\frac{1}{3}\log(1-e^{-x}+e^{-2x}) \quad \blacktriangleleft -A+\frac{1}{3}A=-\frac{2}{3}A$$

Section 10　三角関数の重要な積分

32

[考え方]

(1) $\int \tan^2 x \, dx$ は 一瞬で求められるのは 分かるかい？

$\tan^2 x$ については

$\boxed{\tan^2 x + 1 = \dfrac{1}{\cos^2 x}}$ という重要な公式があったよね。

$\tan^2 x + 1 = \dfrac{1}{\cos^2 x}$ を $\tan^2 x$ について解くと

$\tan^2 x = \dfrac{1}{\cos^2 x} - 1$ が得られるので，

$\int \tan^2 x \, dx = \int \left(\dfrac{1}{\cos^2 x} - 1 \right) dx$

$\qquad = \int \dfrac{1}{\cos^2 x} \, dx - \int 1 \, dx$ が得られる。

$\int \dfrac{1}{\cos^2 x} \, dx$ と $\int 1 \, dx$ だったら

$\begin{cases} \int \dfrac{1}{\cos^2 x} \, dx = \tan x & \blacktriangleleft \text{例題44参照}, \\ \int 1 \, dx = x \end{cases}$ のように 簡単に求められるよね。

[解答]

(1) $\int \tan^2 x \, dx$

$= \int \left(\dfrac{1}{\cos^2 x} - 1 \right) dx$ ◀ $\tan^2 x + 1 = \dfrac{1}{\cos^2 x}$ ➡ $\tan^2 x = \dfrac{1}{\cos^2 x} - 1$

$$= \int \frac{1}{\cos^2 x}\,dx - \int 1\,dx$$
$$= \underline{\underline{\tan x - x}} \quad \blacktriangleleft \int \frac{1}{\cos^2 x}\,dx = \int (\tan x)'\,dx = \underline{\tan x}$$

[考え方]

(2) まず，$\tan^3 x$ の積分なんて よく分からないし，
どうやって変形したらいいのかも よく分からないよね。

だけど，
$\tan^2 x$ だったら，(1)でやったように
$\tan^2 x + 1 = \dfrac{1}{\cos^2 x}$ という公式を使って 変形することができるよね。

そこで，
$\boxed{\tan^3 x\ \text{を}\ \tan x \cdot \tan^2 x\ \text{と書き直す}}$ と，

$\int \tan^3 x\,dx = \int \tan x \cdot \tan^2 x\,dx$

$\qquad\qquad = \int \tan x \left(\dfrac{1}{\cos^2 x} - 1 \right) dx \quad \blacktriangleleft \tan^2 x + 1 = \dfrac{1}{\cos^2 x} \Rightarrow \underline{\tan^2 x = \dfrac{1}{\cos^2 x} - 1}$

$\qquad\qquad = \int \left(\dfrac{1}{\cos^2 x} \tan x - \tan x \right) dx \quad \blacktriangleleft \text{展開した}$

$\qquad\qquad = \underline{\int \dfrac{1}{\cos^2 x} \tan x\,dx - \int \tan x\,dx}$ が得られる。

よって，

$\int \tan^3 x\,dx$ を求めるためには

$\int \dfrac{1}{\cos^2 x} \tan x\,dx$ と $\int \tan x\,dx$ を求めればいいよね。

$\int \dfrac{1}{\cos^2 x} \tan x\,dx$ と $\int \tan x\,dx$ だったら簡単だよね。

Section 10

$\boxed{\int \dfrac{1}{\cos^2 x} \tan x \, dx \text{ について}}$

$\boxed{(\tan x)' = \dfrac{1}{\cos^2 x}}$ より

$\int \dfrac{1}{\cos^2 x} \tan x \, dx$

$= \int (\tan x)' \tan x \, dx$ ◀ $\int f'(x) f^n(x) dx$ の形！

$= \underline{\underline{\dfrac{\tan^2 x}{2}}}$ ◀ $\int f'(x) f^n(x) dx = \dfrac{1}{n+1} f^{n+1}(x)$ ［$n=1$ の場合］

$\boxed{\int \tan x \, dx \text{ について}}$ ◀ 例題16参照

$\int \tan x \, dx$

$= \int \dfrac{\sin x}{\cos x} dx$ ◀ $\tan x = \dfrac{\sin x}{\cos x}$

$= -\int \dfrac{-\sin x}{\cos x} dx$ ◀ $-(-1)$ ［$=1$］を掛けて 分子を $-\sin x$ にした！

$= -\int \dfrac{(\cos x)'}{\cos x} dx$ ◀ $(\cos x)' = -\sin x$

$= \underline{\underline{-\log|\cos x|}}$ ◀ Point 2.1 を使った

［解答］

(2) $\int \tan^3 x \, dx = \int \tan x \cdot \tan^2 x \, dx$

$\qquad = \int \tan x \left(\dfrac{1}{\cos^2 x} - 1 \right) dx$ ◀ $\tan^2 x + 1 = \dfrac{1}{\cos^2 x} \Rightarrow \underline{\tan^2 x = \dfrac{1}{\cos^2 x} - 1}$

$\qquad = \int \dfrac{1}{\cos^2 x} \tan x \, dx - \int \tan x \, dx$ ◀ 展開した

$$= \int (\tan x)' \tan x \, dx + \int \frac{(\cos x)'}{\cos x} dx \quad \blacktriangleleft \text{[考え方]参照}$$

$$= \frac{\tan^2 x}{2} + \log|\cos x| \quad \blacktriangleleft \text{Point 8.1 と Point 2.1 を使った}$$

33

[考え方]

(1) まず,

$\int_0^{\frac{\pi}{2}} \sqrt{1+\cos x}\, dx$ は $\sqrt{}$ がはずれないと求められそうにないよね。
だから, とりあえず
$\sqrt{1+\cos x}$ の $\sqrt{}$ をはずしたいんだけれど, どうすればいいか分かるかい？

$\sqrt{1+\cos x}$ の $\sqrt{}$ をはずすためには
$1+\cos x$ を $()^2$ の形にすればいいよね。

そこで,
$1+\cos x$ を $()^2$ の形にしてみよう。

まず, $1+\cos x$ については

$\boxed{\cos^2 \frac{x}{2} = \frac{1+\cos x}{2}}$ $\blacktriangleleft \cos^2\theta = \frac{1+\cos 2\theta}{2}$ [Point 5.2 ②] に $\theta = \frac{x}{2}$ を代入したもの！

という重要な公式があったよね。

$\cos^2 \frac{x}{2} = \frac{1+\cos x}{2}$ を $1+\cos x$ について解くと

$1+\cos x = 2\cos^2 \frac{x}{2}$ が得られる。 $\blacktriangleleft$ 両辺を2倍した

さらに、

$2\cos^2\dfrac{x}{2}$ は $\left(\sqrt{2}\cos\dfrac{x}{2}\right)^2$ と書き直せるので、　◀ $2=(\sqrt{2})^2$

$1+\cos x = \left(\sqrt{2}\cos\dfrac{x}{2}\right)^2$ のように

$1+\cos x$ を $(\ \ )^2$ の形にすることができた！

よって、

$$\int_0^{\frac{\pi}{2}} \sqrt{1+\cos x}\, dx$$

$$= \int_0^{\frac{\pi}{2}} \sqrt{\left(\sqrt{2}\cos\dfrac{x}{2}\right)^2}\, dx \quad ◀ 1+\cos x = \left(\sqrt{2}\cos\dfrac{x}{2}\right)^2$$

$$= \int_0^{\frac{\pi}{2}} \sqrt{2}\cos\dfrac{x}{2}\, dx \quad ◀ 0\leqq x \leqq \dfrac{\pi}{2} \text{のとき } \cos\dfrac{x}{2}>0 \text{ なので}$$
$$\sqrt{A^2}=|A|=A\ (A>0) \text{ が使える}$$

$$= \sqrt{2}\int_0^{\frac{\pi}{2}} \cos\dfrac{x}{2}\, dx \text{ が得られる。} \quad ◀ \sqrt{2}\text{ を}\int\text{の外に出した}$$

$\int_0^{\frac{\pi}{2}} \cos\dfrac{x}{2}\, dx$ だったら簡単に求められるよね。

$$\boxed{\int \cos nx\, dx = \dfrac{1}{n}\sin nx} \text{ より } \quad ◀ \text{例題18(2)参照}$$

$$\int \cos\dfrac{x}{2}\, dx = \dfrac{1}{\frac{1}{2}}\sin\dfrac{x}{2} \quad ◀ n=\dfrac{1}{2} \text{ の場合}$$

$$= 2\sin\dfrac{x}{2} \text{ が得られるので、} \quad ◀ \text{分母分子に2を掛けた}$$

$$\sqrt{2}\int_0^{\frac{\pi}{2}} \cos\dfrac{x}{2}\, dx = \sqrt{2}\left[2\sin\dfrac{x}{2}\right]_0^{\frac{\pi}{2}}$$

$$= \sqrt{2}\left(2\sin\dfrac{\pi}{4} - 2\sin 0\right)$$

$$= \sqrt{2}\left(2\cdot\dfrac{\sqrt{2}}{2} - 2\cdot 0\right) \quad ◀ \sin\dfrac{\pi}{4}=\dfrac{\sqrt{2}}{2},\ \sin 0 = 0$$

$$= \sqrt{2}(\sqrt{2}-0)$$

$$= \underline{2}$$

[解答]

(1) $\displaystyle\int_0^{\frac{\pi}{2}} \sqrt{1+\cos x}\, dx$

$\displaystyle = \int_0^{\frac{\pi}{2}} \sqrt{2\cos^2 \frac{x}{2}}\, dx$ ◀ $\cos^2\frac{x}{2} = \frac{1+\cos x}{2}$ ➡ $1+\cos x = 2\cos^2\frac{x}{2}$

$\displaystyle = \int_0^{\frac{\pi}{2}} \sqrt{\left(\sqrt{2}\cos\frac{x}{2}\right)^2}\, dx$ ◀ $2 = (\sqrt{2})^2$

$\displaystyle = \sqrt{2} \int_0^{\frac{\pi}{2}} \cos\frac{x}{2}\, dx$ ◀ $\sqrt{A^2} = |A| = A$ ($A > 0$ のとき)

$\displaystyle = \sqrt{2} \left[2\sin\frac{x}{2} \right]_0^{\frac{\pi}{2}}$ ◀ $\int \cos n\theta\, d\theta = \frac{1}{n}\sin n\theta$

$\displaystyle = \sqrt{2}\left(2\sin\frac{\pi}{4} - 2\sin 0\right)$

$\displaystyle = \sqrt{2}(\sqrt{2} - 0)$ ◀ $\sin\frac{\pi}{4} = \frac{\sqrt{2}}{2}$, $\sin 0 = 0$

$= \underline{2}\,/\!/$

[考え方]

(2) まず, (1) と同様に
$\sqrt{1+\sin x}$ の $\sqrt{\ }$ をはずしたいんだけれど,
$1+\sin x$ に関する公式なんて 知らないよね。

だけど,

もしも $\int \sqrt{1+\sin x}\, dx$ が $\int \sqrt{1+\cos x}\, dx$ だったら
(1)でやったように, cos の公式 (**Point 5.2**) を使うことにより
簡単に $\sqrt{\ }$ をはずすことができるよね。

そこで, cos の公式 (**Point 5.2**) を使うために
Point 10.1 を使って $\sin x$ を cos の式に変えよう！

$\boxed{\displaystyle\int_0^{\frac{\pi}{2}}\sqrt{1+\sin x}\,dx \text{ に } x=\frac{\pi}{2}-\theta \text{ という置換をする}}$ と,

$\dfrac{dx}{d\theta}=-1$ ◀ $x=\dfrac{\pi}{2}-\theta$ の両辺を θ で微分した

$\Leftrightarrow dx=-d\theta$ より, ◀ dx について解いた

$\displaystyle\int_0^{\frac{\pi}{2}}\sqrt{1+\sin x}\,dx$

$= \displaystyle\int_{\frac{\pi}{2}}^{0}\sqrt{1+\sin\left(\frac{\pi}{2}-\theta\right)}(-d\theta)$

　　　　　$x=\frac{\pi}{2}$ のとき $\theta=0$ ◀ $x=\frac{\pi}{2}-\theta \Rightarrow \theta=\frac{\pi}{2}-x$ に $x=\frac{\pi}{2}$ を代入した
　　　　　$x=0$ のとき $\theta=\frac{\pi}{2}$ ◀ $x=\frac{\pi}{2}-\theta \Rightarrow \theta=\frac{\pi}{2}-x$ に $x=0$ を代入した
　　　　　◀ $x=\frac{\pi}{2}-\theta$ と $dx=-d\theta$ を代入した

$= -\displaystyle\int_{\frac{\pi}{2}}^{0}\sqrt{1+\cos\theta}\,d\theta$ ◀ $\sin\left(\frac{\pi}{2}-\theta\right)=\underline{\cos\theta}$ [Point 10.1]

$= \displaystyle\int_0^{\frac{\pi}{2}}\sqrt{1+\cos\theta}\,d\theta$ ◀ $-\displaystyle\int_\beta^\alpha f(\theta)d\theta=\int_\alpha^\beta f(\theta)d\theta$

$\underline{\displaystyle\int_0^{\frac{\pi}{2}}\sqrt{1+\cos\theta}\,d\theta}$ だったら(1)の結果が使えるよね!

[解答]

(2) $\displaystyle\int_0^{\frac{\pi}{2}}\sqrt{1+\sin x}\,dx$ において

$\boxed{x=\dfrac{\pi}{2}-\theta \text{ とおく}}$ と ◀[考え方]参照

$\dfrac{dx}{d\theta}=-1$ ◀ $x=\dfrac{\pi}{2}-\theta$ の両辺を θ で微分した

$\Leftrightarrow dx=-d\theta$ がいえるので, ◀ dx について解いた

三角関数の重要な積分

$\int_0^{\frac{\pi}{2}} \sqrt{1+\sin x}\, dx$

◁ $x=\frac{\pi}{2}$ のとき $\underline{\theta=0}$ ◁ $x=\frac{\pi}{2}-\theta \Rightarrow \theta=\frac{\pi}{2}-x$ に $x=\frac{\pi}{2}$ を代入した

$= \int_{\frac{\pi}{2}}^{0} \sqrt{1+\sin\left(\frac{\pi}{2}-\theta\right)}(-d\theta)$ ◁ $x=\frac{\pi}{2}-\theta$ と $dx=-d\theta$ を代入した

◁ $x=0$ のとき $\underline{\theta=\frac{\pi}{2}}$ ◁ $x=\frac{\pi}{2}-\theta \Rightarrow \theta=\frac{\pi}{2}-x$ に $x=0$ を代入した

$= -\int_{\frac{\pi}{2}}^{0} \sqrt{1+\cos\theta}\, d\theta$ ◁ $\sin\left(\frac{\pi}{2}-\theta\right) = \underline{\cos\theta}$ [Point 10.1]

$= \int_0^{\frac{\pi}{2}} \sqrt{1+\cos\theta}\, d\theta$ ◁ $-\int_\beta^\alpha f(\theta)\, d\theta = \int_\alpha^\beta f(\theta)\, d\theta$

$= \underline{2}\ //$ ◁ (1) の結果を使った！

<メモ>

<メモ>

<メモ>

© 2003 Masahiro Hosono, Printed in Japan.

[著者紹介]
細野真宏（ほその まさひろ）

　細野先生は、大学在学中から予備校で多くの受験生に教える傍ら、大学3年のとき『細野数学シリーズ』を執筆し、受験生から圧倒的な支持を得て、これまでに累計200万部を超える大ベストセラーになっています。
　また、大学在学中から「ニュースステーション」のブレーンや、ラジオのパーソナリティを務めるなどし、99年に出版された『細野経済シリーズ』の第1弾『日本経済編』は経済書では日本初のミリオンセラーを記録し、続編の『世界経済編』などもベストセラー1位を記録し続けるなど、あらゆる世代から「カリスマ」的な人気を博しています。
　数学が昔から得意だったか、というとそうではなく、高3のはじめの模試での成績は、なんと200点中わずか8点（！）で偏差値30台という生徒でした。しかし独自の学習法を編み出した後はグングン成績を伸ばし、大手予備校の模試において、全国で総合成績2番、数学は1番を獲得し、偏差値100を超える生徒に変身しました。
　細野先生自身、もともと数学が苦手だったので、苦手な人の思考過程を痛いほど熟知しています。その経験をいかして、本書や「Hosono's Super School」では、高度な内容を数学初心者でもわかるように講義しています。
　「一体全体、成績の驚異的アップの秘密はドコにあるの？」と本書を手にとった皆さん、知りたい答のすべてが、この本のシリーズと「Hosono's Super School」の講義の中に示されています！

大好評の「Hosono's Super School」について、資料請求ご希望の方は、
〒162-0042　東京都新宿区早稲田町81　大塚ビル3階
Hosono's Super School事務局
（☎03-5272-6937／FAX 03-5272-6938）までご連絡ください。

細野真宏の積分[計算]が本当によくわかる本

2003年4月20日　初版第1刷発行
2018年11月21日　　　第9刷発行

著　者　細野真宏
発行者　野村敦司
発行所　株式会社　小学館
　　　　〒101-8001
　　　　東京都千代田区一ツ橋2-3-1
　　　　電話　編集／03(3230)5632
　　　　　　　販売／03(5281)3555
　　　　http://www.shogakukan.co.jp

印刷所・製本所　図書印刷株式会社

装幀／竹歳明弘（パイン）　編集協力／川村寛（小学館クリエイティブ）
制作担当／浦城朋子　販売担当／小菅さやか　編集担当／藤田健彦

© 2003　Masahiro Hosono, Printed in Japan.
ISBN 4-09-837401-3 Shogakukan,Inc.

●定価はカバーに表示してあります。
●造本には十分注意しておりますが、印刷、製本など製造上の不備がございましたら、「制作局コールセンター」(☎0120-336-340)にご連絡ください。(電話受付は、土・日・祝休日を除く9：30～17：30)
●本書の無断での複写(コピー)、上演、放送等の二次利用、翻案等は、著作権法上の例外を除き禁じられています。
●本書の電子データ化などの無断複製は著作権法上での例外を除き禁じられています。代行業者等の第三者による本書の電子的複製も認められておりません。